改变物理学的
50个实验

薛定谔的猫
SCHRODINGER'S CAT
Groundbreaking Experiments in Science

[英]亚当·哈特-戴维斯——
Adam Hart-Davis——著

阳曦——译

北京联合出版公司
Beijing United Publishing Co., Ltd.

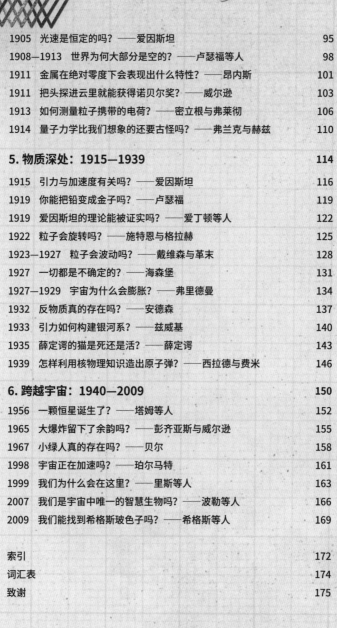

引言

物理学拥有漫长的历史，事实上，它可能是最古老的科学。人类总是好奇地想弄清事物运行的规律，于是有的人不辞辛劳，开始努力探索大自然的秘密。在那遥远的过去，一定曾有无数原始人坐在夜幕下，仰望头顶璀璨的星月，猜测它们运行的规律。每种文化都有独特的创世神话和无数有关天空的传说，但物理学却另辟蹊径，试图运用逻辑推理和实验揭开世界的真相。

天文学总是走在科学的最前沿，你可以用裸眼观察星空，列出星星的名字，为它们编制星图，记录行星神秘的运行轨迹，还有偶尔出没的流星、彗星和超新星。1600年左右，望远镜的出现让天文学迈上了新的台阶，但天文学家不做实验，所以这本书里很少提到他们的名字。

从恩培多克勒的漏壶实验到阿基米德的浴盆顿悟，中间隔了差不多两百年。在这段时间里，人类的计算能力和理解能力都有了巨大的进步。希腊文明衰落后，科学曾一度裹足不前，直到伊斯兰黄金时代的曙光初现，众多阿拉伯科学家、工程师和炼金术士为科学揭开了新的篇章。不过随之而来的是又一次的蛰伏期，直到 1543 年，哥白尼提出石破天惊的日心说，67 年后，观察到木星卫星的伽利略义无反顾地加入了拥护他的阵营。

伽利略做了一系列突破性的实验，在他之后，罗伯特·波义耳和艾萨克·牛顿为化学和物理学奠定了坚实的基础。依靠新的理论和实验技术，科学家开始测量音速、光速和地球质量，并试图研究翅膀的流体力学特性。在这

个时期，欧洲是物理学研究的中心，德国更是天才云集的重镇，不过美国人很快迎头赶上，独占鳌头，这样的局面一直延续到了今天。

19 世纪末，物理学领域涌现出一批惊人的发现——短短五年内，科学家先后发现了 X 射线、放射性和电子，新的想法和理论应运而生，在此基础之上，人们又设计了进一步的实验；20 世纪初，我们对物质特性的理解突飞猛进。

两次世界大战迫使研究者将工作重点转向军事领域，由此创造出雷达、微波和环磁机，最重要的是，我们开始试着利用核能。二战结束后，基础科学再次蓬勃发展，尤其是在天文学、天体物理和宇宙学领域，科学家开始更加深入地研究宇宙的性质。我们将望远镜送上了太空，那里没有干扰视野的大气；与此同时，我们拥有的计算能力也在飞速增长，根据摩尔定律，高密度集成电路上镶嵌的晶体管数量每两年就会增长一倍，所以电脑的计算能力也遵循同样的发展规律。

21 世纪，我们迎来了大科学的时代，许多前所未有的大型昂贵实验纷纷启动，某些实验由数千名物理学家共同参与，为了分析这些实验产生的海量数据，他们动用了多台超级计算机。

即使付出了这么多努力，但我们离物理学的尽头依然非常遥远。无论做了多少实验，每个实验总会带来新的问题，等待我们去一一解答。

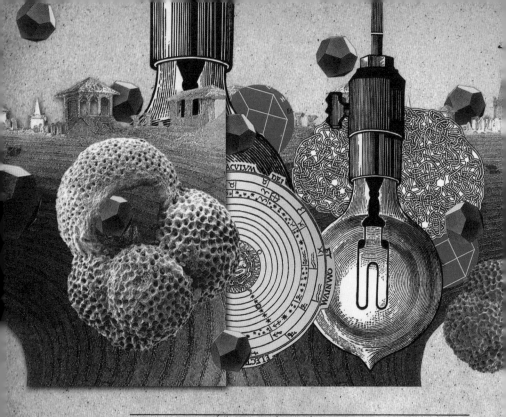

1. 早期实验: 公元前 430—1307

　　古代的中国人是伟大的发明家，磁性罗盘、火药、纸、印刷术都出自他们手中；张衡的地动仪更是能探测到远方的地震。除此以外，古中国的天文学家也相当出色，早在1054 年，他们就曾观测到超新星爆发。

　　相比之下，古希腊人对通用科学更感兴趣，亚里士多德是其中的佼佼者，他撰写的著作涵盖了物理学、生物学、动物学及其他诸多科学领域。亚里士多德侧重于理论研究，但恩培多克勒（他出生的年代比亚里士多德还要早

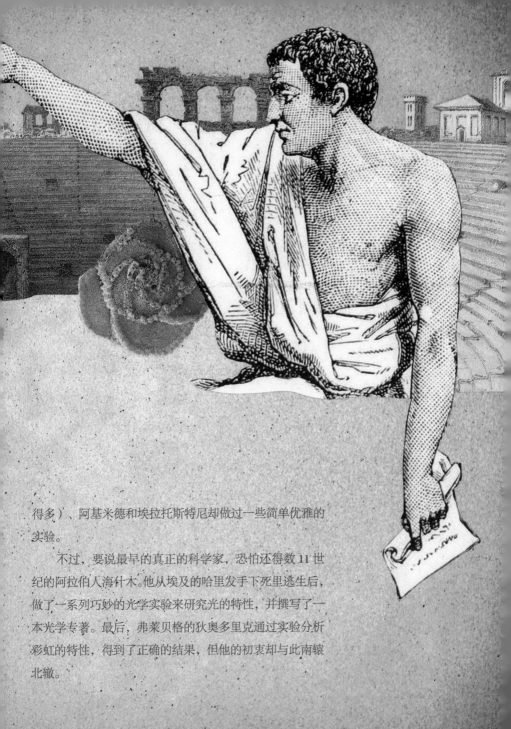

得多）、阿基米德和埃拉托斯特尼却做过一些简单优雅的实验。

　　不过，要说最早的真正的科学家，恐怕还得数11世纪的阿拉伯人海什木。他从埃及的哈里发手下死里逃生后，做了一系列巧妙的光学实验来研究光的特性，并撰写了一本光学专著。最后，弗莱贝格的狄奥多里克通过实验分析彩虹的特性，得到了正确的结果，但他的初衷却与此南辕北辙。

约公元前 430 年

研究人员：

恩培多克勒

研究领域：

气体学

结论：

空气是一种物质

空气算是"物质"吗？

恩培多克勒探索万物的根源

阿格里真托镇位于西西里岛的西南海岸线中央，这里矗立着一座座美丽的希腊神庙遗迹，它们傲然耸立在高高的山脊上，沐浴着地中海明媚的阳光。镇里还有一座宏伟的露天竞技场，公元前 5 世纪，希腊哲学家恩培多克勒就生活在这里。为了证明四元素理论，恩培多克勒曾做过一系列实验，这是世界上已知最早的科学实验。

四元素说

数百年来，人类一直在探索世界的本源，并为此争论不休。泰勒斯认为水是万物之母，因为水既能凝结成冰，又能蒸发为气，所以它或许可以变幻成任何东西。其他人也曾提出过物质是由某些基本元素组成的。恩培多克勒宣称，一切物质都来自四种基本元素（或者说"根"）的组合，它们分别是土、气、火和水。他说，每种元素都希望回到自己原来所属的位置，所以土必然下沉，水流奔向大海，水里的气泡总会上升，火总是向着太阳升腾。这些元素恒久不变，爱将它们结合在一起，但总有纷扰会将它们拆开，这才有了万物的变化和流转。

不过这套理论也有一点问题，因为一些反对者提

四"元素"说

火

炎热　　　　干燥

气　　　　　　　　土

湿润　　　　寒冷

水

出，气不可能是一种元素；空气看不见也摸不着，什么都不是，所以它无法组成物质，更不能成为万物的根源。恩培多克勒指出，水里的气泡会上升，你能够看见那些气泡，

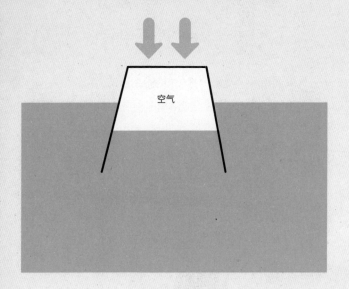

它一定是某种物质。但批评者仍然不服，所以恩培多克勒设计了一个巧妙的实验——"淹没的水钟"。

当时的人们用漏壶来计时，陶壶的底部有一个孔，水可以从里面流出来。恩培多克勒堵上壶底的小孔，把漏壶倒扣过来按进海里，海水完全淹没了陶壶；等他把壶从水里拿出来的时候，陶壶的内底完全是干的，所以一定有什么东西把水挡在了外面。壶里只有空气，那么空气自然是一种物质，并非"什么都不是"。

土、气、水、火的四元素说流传甚广，直到两千多年后，罗伯特·波义耳重新定义了元素的概念，这才真正动摇了这套学说。

壮烈的结局

恩培多克勒相信自己能够永生不朽，为了证明这一点，他率领追随者登上了西西里岛最东边的埃特纳火山。这是一座活火山，据说恩培多克勒直接跳进了冒烟的火山口。

有传说称，他的一只便鞋从火山口里喷了出来，但从那以后，再也没有人见过恩培多克勒。他的壮举听起来似乎不太明智，但他的名字却因此流传至今，所以，这也许真是成就不朽的好办法。

浴盆里的水
为什么会溢出来？

阿基米德的灵光一闪

约公元前 240 年

研究人员：

阿基米德

研究领域：

流体静力学

结论：

发现浮力

公元前 287 年左右，阿基米德出生在西西里岛的叙拉古；公元前 212 年，这座古城被罗马攻陷，阿基米德死于战火之中。阿基米德是古代最杰出的数学家，他最引以为傲的成就是证明了如果一个球正好能放进一个圆柱体里，就像橘子放进罐头，那么这个球的体积和表面积分别是圆柱容积和表面积的 2/3。要知道，那个年代根本没有我们今天耳熟能详的定理和方程。阿基米德要求后人在他的墓碑上刻一幅球放在圆柱里的示意图，137 年后，罗马演说家西塞罗正好发现了这块墓碑。

战争机器

-

阿基米德是一位娴熟的工程师。公元前212年，罗马军队兵临城下时，他制造了各种各样的防御器械，其中包括投石机和起重机（可以把敌人船只的一头从水里吊起来，让船沉进水里），甚至还有一种"死亡射线"：他指挥大批士兵把闪亮的盾牌举到某个特定的角度，反射阳光烧毁来犯的敌船。

阿基米德还发现了杠杆和滑轮的原理，他曾利用一系列滑轮组成的装置搬运一艘满载的大船，你应该听过他的这句名言："给我一个支点和一根足够长的杠杆，我就能撬动整个地球。"

可疑的王冠

-

不过，阿基米德最伟大的成就是帮助国王鉴定王冠。暴君希伦二世命令皇家工匠用一块金子为他制造一顶新的王冠，金子的重量大约是2磅（1千克左右）。可是金光闪闪的王冠造好以后，国王却怀疑工匠偷工减料，用等重量的白银换掉了一部分金子。王冠的重量还是2磅，可它真是纯金的吗？希伦派人去见阿基米德，请他解决这个问题。这个任务确实有点困难。王冠非常精美，国王不允许阿基米德对它进行任何破坏。阿基米德冥思苦想，可是一直没有找到答案。有一天，他难得地决定去城里的公共澡堂洗个澡。

洗了个非常重要的澡

-

阿基米德走进浴盆的时候，他注意到了两件事：第一，

他的身体浸入水里以后，浴盆里的水位上升了一点，还有一部分水从浴盆边缘溢了出去。第二，他感觉自己的身体很轻，像是漂了起来。就在这时候，他灵光一闪——有传说称，阿基米德从浴盆里一跃而起，大喊一声"Eureka！"（意思是"我发现了"或者"我知道答案了"），然后赤身裸体地跑回了家里。

阿基米德的两个发现都很重要：

1. 身体浸入水里时会排开一部分水——因为这部分水的位置被占据了。

2. 浸在水里的任何物体都会感觉变轻，因为它受

到了向上的浮力，浮力的大小等于它排开的水的重量。

今天我们称之为"阿基米德定律"。

按照这套理论，阿基米德可以把王冠浸没在一个装满水的桶里，根据溢出来的水的重量，就能算出王冠的体积，用王冠的重量除以体积，最终得到它的密度。

阿基米德知道，2 磅纯金的体积是 3.17 立方英寸（约 52 毫升），如果王冠里面掺了银，那么它排开的水体积应该大于 52 毫升，因为银的密度比金小——所以同质量的银体积大于金。

运用阿基米德定律

-

不过，准确测量体积相当困难，所以阿基米德可能运用了浮力定律。他从国王那里借来了 2 磅黄金，把王冠和金块分别放在天平的两头：天平保持平衡，说明二者重量相等。然后，阿基米德把整套装置都放进了水里。如果王冠不是纯金的，那么它排开的水体积应该大于 52 毫升，因此它会受到更大的浮力，因为浮力由体积决定。所以，水里的天平放着王冠的那头应该会上翘。

结果不出所料，放着王冠的天平托盘果然往上翘了。工匠的确掺了假，最终他遭到了严厉的惩罚。

阿基米德撰写了多本著作，有一部分留存至今，其中包括《论球与圆柱》《论浮体》和《数沙者》。在最后这本著作中，他提出了一个问题：要填满整个宇宙，需要多少粒沙子？为了计算这么庞大的数目，阿基米德发明了一整套新的数字。

如何测量地球？

太阳、影子和早期的希腊几何学

约公元前 230 年

研究人员：

埃拉托斯特尼

研究领域：

几何学

结论：

地球的周长是 25000 英里（约 40000 千米）

希腊城市亚历山大位于埃及的尼罗河口，公元前 322 年，亚历山大大帝主持修建了这座雄城。亚历山大港附近有一座名叫法罗斯的小岛，为了保护港口里的船只，大帝修建了一道从港口直通法罗斯岛的防波堤。他说，这里应该有一座伟大的灯塔，于是法罗斯岛灯塔拔地而起，成为古代世界的七大奇迹之一。

公元前 3 世纪，亚历山大成了希腊世界的文化中心，城里的大图书馆收藏了数十万卷羊皮纸或牛皮纸的手稿。大约在公元前 240 年，埃拉托斯特尼被任命为大图书馆馆长。作为一位数学家，他设计了一种寻找质数的方法，后来我们称之为"埃拉托斯特尼筛法"。

质数

-

如果你想寻找 2 ~ 50 之间的所有质数（一般来说，1 不算是质数），只需要把它们全都写下来，然后画掉所有大于 2 的偶数，因为这些数都可以被 2 整除；然后画掉所有大于 3 且能被 3 整除的数，再按照同样的方法处理能被 5 和 7 整除的数，最后得到的就是 50 以内的所有质数：2、3、5、7、11、13、17、19、23、29、31、37、41、43 和 47。

丈量世界

-

埃拉托斯特尼也是一位地理学家,事实上,他可能是古代世界最优秀的地理学家之一。古希腊人知道地球是圆的,他们已经找到了两个可靠的证据。第一,从港口出发的船舶总会慢慢消失在海天交界的地方,最先从视野中消失的是船身,然后才是桅杆。显然,你看不见它,不仅仅是因为远方的船变得越来越小——实际上,它"沉"到了海平线下方,这意味着地球是圆的。

第二,他们发现,月食是因为月亮被地球的影子遮住了,而月面上的影子边缘是一道弧线。

既然知道了地球是圆的,埃拉托斯特尼就想弄清它到底有多大。亚历山大以南 500 英里(约 800 千米)的赛尼城(今阿斯旺)位于尼罗河岸边,河道内的象岛上有一口井。埃拉托斯特尼知道,盛夏的正午,任何人都能在这口井的井底看见太阳投下的倒影,这意味着阳光的角度正好与井口垂直。今天,这口古井仍留在原地,可惜的是,井水已经干了,而且井里满是碎石,再也看不见太阳的倒影。

测量太阳的角度

-

埃拉托斯特尼回到亚历山大,将一根棍子垂直地插在地上。盛夏的正午时分,太阳的角度——或者说棍子与它投下的影子顶点之间的角度——是 7.2 度,即下一页示意图中的角度 A。

角度 A 等于角度 A*,因为它们分别位于两条平行线之间的斜线两侧。A* 是地心与亚历山大和赛尼城的两根连线之间的角度。接下来的计算就很简单了:

亚历山大与赛尼城之间的夹角 =7.2 度

亚历山大到赛尼城的距离 =500 英里（约 800 千米）

地球圆周角 =360 度 =50 × 7.2 度

因此，地球周长 =50 × 500=25000 英里（约 40000 千米）

亚历山大与赛尼城之间的距离数据来自官方的步量师（这些测量员接受过专门的训练，他们迈出的每一步距离相等，所以只要数一数走了多少步，就能算出两地之间的距离），所以埃拉托斯特尼最终得出的地球周长单位是"视距"，而不是英里。我们不知道这个单位的精确长度，但能够确定的是，埃拉托斯特尼估算的地球周长和今天我们测得的 24900 英里（约 40073 千米）相差无几。

埃拉托斯特尼和阿基米德过从甚密，虽然阿基米德比他大了十多岁。阿基米德曾离开西西里，远赴埃及去拜访这位好友，而且他很可能在那里发明了阿基米德式螺旋抽水机。直到今天，埃及人还在使用这种水泵从尼罗河里抽水灌溉田地。

后来阿基米德还给埃拉托斯特尼寄过明信片（或者说是类似明信片的某种东西），讨论了许多复杂的数学问题。其中一个问题是这样的：在一大群牛里，公牛和母牛各有四种颜色，每种颜色的公牛和母牛的数量满足一系列复杂的方程；解开这些方程，就能得出每种颜色的公牛和母牛的数量。满足这些条件的最小整数解需要用超过 200000 位的数字来表达。

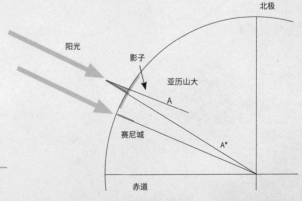

1021

研究人员：

海什木

研究领域：

光学

结论：

光沿直线传播

光是怎样传播的？

暗箱的诞生

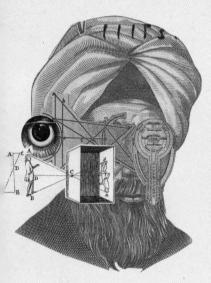

阿拉伯学者穆哈默德·本·哈桑·本·海什木·巴士拉是最早进行系统性实验的科学家之一。

公元 965 年，海什木出生在伊拉克的巴士拉，后来他曾在巴格达求学。四十多岁的时候，海什木听说尼罗河每年都会泛滥，于是他冒冒失失地给埃及的哈里发写了一封信，毛遂自荐，试图解决这个问题。哈里发高兴地邀请他去开罗，并为他举行了盛大的欢迎仪式，希望他真能解决这个痼疾。

海什木计划在如今的阿斯旺地区修筑一道水坝，这个主意听起来很有道理，但他没有想到建坝的工程居然如此浩大。海什木一路南行到了阿斯旺，他发现尼罗河宽达 1 英里（约 1.6 千米），虽然河水的干流分成了几个小的支流，但这样的规模依然超出了他的预想。以当时的技术，完全不可能修建这么长的堤坝，但海什木不敢坦承自己的失误，因为他知道，严酷残暴的哈里发一定会砍掉他的头。所以海什木决定装疯，"疯子海什木"被软禁了十年，直到 1021 年哈里发去世。

研究眼睛的工作机制

在这十年里，海什木潜心研究光学，为此他做了一系列相关实验。刚开始他研究的是眼睛的工作机制。欧几里得、托勒密和其他学者曾经提出，要看见某件物品——例如一棵树——我们的眼睛会向外射出一束光，照亮那棵树，然后树把光反射回眼睛里，形成图像。亚里士多德则认为，物体的影子会直接投射到我们的眼睛里。

海什木觉得这些说法都站不住脚。无论如何，光是外界客观存在的事物。白天的阳光会照亮万物，树木、房屋、人类，一切物体都会反射光线，照进我们的眼睛。正如海什木所说："如果有一束光照亮了一件有颜色的物品，那么所有颜色和光一定都来自最初的光源。"我们只需要睁开眼睛，让光涌进来就可以了。为了弄清眼睛里面有什么，海什木曾经解剖过牛眼，他还画了精美的示意图来阐释人类眼睛的结构和工作机制。

海什木说，月亮靠近地平线的时候看起来更大，是因为地面上有树木和其他物品作为参照，月亮看起来很远，所以显得很大。而当明月孤零零地高悬在天空中的时候，它看起来更近，所以似乎就变小了。

暗箱

-

海什木猜测，光可能是沿直线传播的，因为物体在阳光下的投影边缘都相当清晰。为了证明这一点，他设计了暗箱，这个词的原意是"黑屋子"。暗箱实际上就是一间小黑屋，其中一侧的遮板上有个小孔，遮板对面是一堵白墙或者一块屏幕。埃及灿烂的阳光照亮了外面的世界，也透过小孔照进了小黑屋，将图像投射在对面的墙上。墙上的投影是左右上下颠倒的，但是毫无疑问，你的确可以通过投影看到外面的世界，图像是活动的，而且还有颜色。目睹这一切的人震惊不已，他们从没见到过这样的投影。

海什木解释说，要形成这样的图像，穿过小孔的光

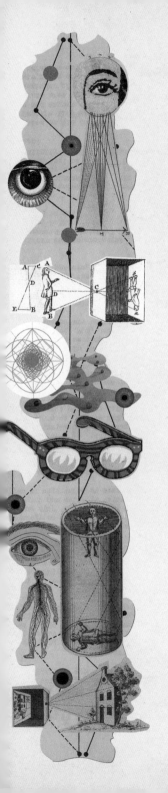

必然是沿直线传播的，否则你只会看到一大团各种颜色杂糅的模糊的影子。

他也在晚上做过暗箱实验，这时候外面一片漆黑，唯一的光来自三盏吊灯。而在暗箱里面，小孔对面的白墙上出现了三个光点，它们分别来自外面的三盏灯。吊灯、小孔和光斑之间形成了一条直线，只要用手挡在某盏灯与光斑之间的线上，墙上的光斑就会消失。这个实验有力地证明了光是沿直线传播的。

光学书

海什木还做过一些关于透镜、镜子、反射和折射的实验，他把自己的理论和实验归纳起来，撰写了一本《光学书》。这是世界上最早的实验科学著作，几个世纪后，列奥纳多·达·芬奇、伽利略、笛卡儿和艾萨克·牛顿都对它推崇不已。海什木一共写过两百多本书，但留存下来的只有大约五十本。

不过最重要的是，海什木堪称世界上最早的科学家。有人认为，海什木是科学方法的奠基人，他从不轻信其他作者的论述，而是通过系统地观察研究物理现象，然后根据现象归纳出理论：

> "追求真理的人在阅读他人著作时应该把对方视为假想敌……然后从任何可能的角度攻击对方的论述。对于自己的观点，也同样不可掉以轻心，必须以最严格的方法进行检验，以免被偏见左右，或者一时心软。"

彩虹的颜色从哪儿来？

理解光的折射和反射

1307

研究人员：

弗莱贝格的狄奥多里克

研究领域：

光学

结论：

光会发生折射和反射

德国人狄奥多里克大约出生在 1250 年之前的某个时间，后来他成了一位道明会修士。从 1293 年到 1296 年，狄奥多里克在道明会逐渐升迁到了很高的职位。1304 年，道明会在图卢兹举行了一次全体大会，总会长埃梅里克建议狄奥多里克从科学角度研究一下彩虹。

关于颜色的错误理论

-

经过长期的思考，狄奥多里克提出了一套原创的颜色理论，并通过实验进行了验证，但实际上，他的想法错得离谱。现在我们知道，颜色表现为连续的光谱（红 - 橙 - 黄 - 绿 - 蓝 - 靛 - 紫），但狄奥多里克认为，红、黄、绿、蓝是四种"主色"，其中红色和黄色是"清晰的"，或者说半透明的；而蓝色和绿色是"模糊的"，或者说不透明的。

此外，他还相信，光传播到玻璃边缘或水面附近时，清晰的颜色表现为红色，但在玻璃或水体中央远离边界的地方，清晰色就会变成黄色。如果光在透明介质中传播，那么模糊色表现为绿色；如果介质不透明，模糊色就会转为蓝色。

光的折射和反射

-

为了验证自己的理论，狄奥多里克用玻璃棱镜做了

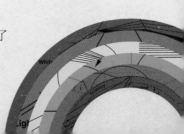

一系列实验。他把棱镜放在阳光下，按照四主色理论，棱镜表面附近应该出现"清晰色"，而"模糊色"应该留在玻璃内部；清晰的红色应该出现在离镜面最近的地方，模糊的蓝色应该离镜面最远，因为棱镜深处的透明度最低。综上所述，透过棱镜观察到的色带应该按照红、黄、绿、蓝的顺序排列。

无论是在阳光下直接观察六角棱镜内部，还是让阳光穿过棱镜，在屏幕上投下色带，最终得到的结果都完全符合他的预想。根据狄奥多里克留下的示意图，我们可以推测他知道阳光在穿过棱镜的过程中发生了两次折射——进入和离开棱镜时各有一次——正是这两次折射让白光分成了颜色不同的条带。此外，从示意图中我们还可以发现，光在棱镜内部可能还会发生反射。

光的传播路径

-

然后，狄奥多里克将一个很大的圆玻璃烧瓶装满水来模仿雨滴，然后透过烧瓶观察太阳。抬头和低头的时候，他看见烧瓶内部出现了同样的色带，但是这一次，色带的顺序颠倒过来：最上面是红色，蓝色则跑到了最下面，和彩虹里的色带顺序一模一样。于是狄奥多里克意识到，之所以会出现这样的反转，是因为通过烧瓶的光不但发生了两次折射，还发生了反射。从他的示意图中，我们可以清晰地看到这一点。

通过这种方法，狄奥多里克证明了特定颜色的光线在经过烧瓶时会遵循特定的传播路径，所以我们才会看到颜色。颜色是客观存在的物理现象，而不是仅仅存在于观察者眼睛里的主观幻影。

于是狄奥多里克提出，光穿过雨滴的传播路径和他在烧瓶实验中演示的一模一样。由于雨滴数量多、速度快，所以虽然它们总在不停地运动，但实际效果却像是一道静止不动的雨帘。

不幸的是，在他绘制的示意图中，太阳和雨滴与观察者之间的距离几乎相等，这意味着穿过雨滴的光不是平行的。虽然这的确能够解释烧瓶折射后的色带为什么是环形的，但我们都知道，它不符合实际情况。

事实上，太阳离我们非常遥远。请想象一下，以太阳和你的头顶为两个定位点，绘制一条延伸至地面的直线——它与地面的交点就是你在阳光下的影子边缘。彩虹与这条直线的夹角永远是42度，因此，太阳在地平线上的时候，彩虹与地面之间的夹角达到最大值——42度。而且彩虹永远都是弧形的，只有在飞机上或山顶上观察时，你才有可能看见完整的圆形彩虹。

你永远无法到达彩虹尽头，因为它根本不是客观存在的物体，只是天空中的一种光学现象。如果你奔向彩虹，它也会不断移动。

反转

狄奥多里克把烧瓶调整到某个角度时，他观察到了第二道彩虹，而且这道彩虹的颜色顺序和前面那道恰好相反，它的顶端是蓝色的。这次狄奥多里克立即明白过来：光在烧瓶内发生了第二次反射。

虽然狄奥多里克提出的折射和颜色理论错得离谱，测出来的彩虹角度也不着边际，但他却为我们树立了一个科学研究的好榜样：提出一套理论，然后通过实验去验证，这就是科学方法的基础。

2. 启蒙时代：1308—1760

　　漫长的黑暗年代里，似乎就连哲学家都开始屈从于宗教。如果有人问："为什么会出现这种现象？"他很可能得到这样的回答："因为这是上帝的意志。"接下来，终于有一些人开始追寻更符合逻辑的解释，并通过实验来验证自己的想法。17世纪20年代，英国哲学家弗朗西斯·培根撰写了一系列著作，鼓励人们善用自身经验，通过实验来研究科学。

　　在此之前，罗伯特·诺曼和伽利略已经举起了实验的大旗，不少人紧随其后。艾萨克·牛顿在发表第一篇科学论文时就已展现出惊人的才华。除了他以外，其他学者也开始研究光速、音速以及冰融化成水吸收的热量。不过，这个时期最伟大的成就还得数牛顿于 1687 年出版的著作——《自然哲学的数学原理》。

研究人员:

罗伯特·诺曼

研究领域:

地球科学

实验结论:

自由漂浮的罗盘指针
会深深扎进水里,指
向极点

磁北极在哪里?

追逐罗盘指针

在海上漂泊了近二十年后,罗伯特·诺曼在英国伦敦附近定居下来,成了一名设备制造商。他的工作主要是制造罗盘,因为罗盘是水手最重要的导航设备。诺曼用铁来打造罗盘的指针,然后利用天然磁石(一种名叫"磁铁矿"的石头)对指针进行磁化。

诺曼相当了解磁偏角现象——罗盘的指针并不总是指向正北方——不过很快他又发现,除了水平偏角以外,罗盘指针还会往下沉,或者用他的话来说,"下倾",于是诺曼决定深入探查其中的奥秘。

诺曼注意到,哪怕是质量最好的罗盘指针也无法保持平衡,哪怕支点的位置非常精确,指针的北端依然会微微下倾,因此他不得不在指针南端添加配重。有一天,诺曼制作了一套相当精密的指针和支点,结果却发现指针斜得厉害。为了减轻指针倾斜的程度,他决定把它截短一点。诺曼在笔记中写道:

"结果我把指针截得太短了,辛辛苦苦做好的东西立即变成了一堆废品,我感觉怒火中烧,于是我下定决心,非得弄明白这件事不可。"

诺曼决定制作一件工具——今天我们称之为"磁倾仪"——来探究这种现象，不过首先他想搞清楚指针北极下倾的原因：仅仅是出于磁场的影响，还是指针北端从磁石里吸收了什么"笨重的物质"？

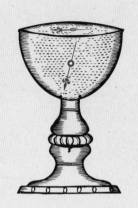

第一个罗盘

-

诺曼在天平的一端放了几块铁，然后在天平的另一端放了一些铅块，使天平保持平衡。接下来，他用磁石将铁磁化后重新放回盘子里，并记录了自己观察到的结果：

你会发现，铁在磁化前后的重量完全相同。此外，如果罗盘指针北端从磁石里吸收了什么物质，那么它的南端理应出现同样的变化，二者相抵消，指针北端不应该下倾才对。

酒杯实验

-

现在，你可以找一段大约 2 英寸（约 5 厘米）长的铁丝或钢丝，然后把一个软木塞穿在上面。木塞的大小足以带着铁丝漂浮在水面上。

接下来，你应该找个比较深的玻璃杯，如果没有，碗、水杯或者其他容器也行。在容器里装满清水，然后把它放到平稳无风的地方。完成这一步以后，请小心地切削穿在铁丝上的软木塞，让它刚好能够带着铁丝悬浮在水面下大约两三英寸的地方，既不下沉也不上浮，同时木塞两头露出的铁丝也在水面下保持平衡，就像一根完美支撑的杠杆。

换句话说，把软木塞穿在铁丝上以后，诺曼小心地切削木塞，让它正好能够带着铁丝漂浮在水面上。当然，他自己的笔记中写的是"悬浮在水面下方"，但这显然不可能做到，所以我们不妨认为，在他的实验中，水差不多刚好淹没了软木塞和铁丝。

接下来，诺曼取出水中的铁丝，用天然磁石将它磁化后再放回水里。"……你会看见铁丝绕自己的中点旋转，与此同时，也出现了前面描述过的下倾……"

水中的指针可以自由地在三个维度上运动，清晰地指出磁力最强的方向。水提供了理想的实验环境，机械装置不可能达到这样的效果，因为它们的摩擦力太大。

测量纬度

-

诺曼希望能够制造一种仪器，利用磁针倾斜的角度直接测量纬度。因为我们有充分的理由可以假设，离北极越近，磁针下沉的角度——或者说下倾的程度——就越大，二者之间很可能是稳定的线性关系。不幸的是，事情没有这么简单，不过诺曼的确造出了精密的磁倾仪。

接下来，诺曼开始思考天然磁石的磁场："当然，我个人认为，如果这种特性（磁力）能够通过某种方式转化为人类肉眼可见的实体，那么它应该是球形的，围绕在磁石外面……"

这个想法真的很棒，但诺曼最后还是和正确的结论失之交臂。直到几年以后，威廉·吉尔伯特才发现，地球本身就是一块巨型磁铁，它形成了一个巨大的磁场——所以罗盘指针才会下倾。

1587

研究人员：

伽利略·伽利莱

研究领域：

引力

结论：

无论质量是大是小，所有物体都会以同样的速度坠落

大球和小球：
谁坠落的速度更快？

引力和有关坠落的科学

作为实验科学早期阶段的一位重量级人物，伽利略思考世界的方式清晰明了，富有逻辑。他曾写道："自然的规律……可能并不复杂，基本的规律或许只有寥寥几条。"这听起来和奥卡姆剃刀原理异曲同工。

伽利略还曾写道："自然哲学（例如科学）是用……数学语言写成的，它的特性可以表达为三角形、圆形和其他几何图形。"

1581 年的某一天，伽利略坐在比萨一座宏伟的大教堂里，无聊的他注意到头顶的黄铜大吊灯正在随着气流摇晃。教堂高耸的穹顶上垂着长长的链子，挂在链子上的吊灯缓慢地左右摇摆。伽利略利用自己的脉搏测量了吊灯摇摆的频率，然后他惊讶地发现，无论吊灯摇摆的幅度有多大，每次摇摆花费的时间都完全相同。

单摆实验

-

回家以后，伽利略将配重块系在绳子上，做了几个单摆来探究这一现象。他发现，单摆的重量和振幅都不会影响最终的结果，唯一与摇摆周期有关的值是绳子的长度。要想让单摆每次摇摆花费的时间增加到原来的两倍，那么

绳子的长度需要变成原来的四倍。现在我们知道，单摆摇晃的周期公式可以表达为 $t=2\pi\sqrt{l/g}$，其中时间 t 以秒为单位，l 是摆绳的长度，g 是地球表面的重力加速度，即 396.2 英寸 / 平方秒（约 10 米 / 平方秒）。

伽利略意识到，根据这一特性，单摆非常适合用来校准机械钟，于是他亲自设计了一份图纸，不过直到 1642 年伽利略去世，他的设计依然停留在纸面上。直到 15 年后，荷兰博学家克里斯蒂安·惠更斯才制造出了世界上的第一座摆钟。

坠落的物体

-

1589 年，伽利略开始思考亚里士多德的学说，尤其是关于物体坠落的论断。亚里士多德曾经说过，较大的物体坠落速度比小的物体更快，如果一块石头的重量是另一块石头的两倍，那么同时放手，较重的石头一定会先落地。

伽利略很想验证亚里士多德的理论，于是他设计了一个实验。传说他爬到了著名的比萨斜塔顶上，然后把两个重量不同的球同时扔了下去，观察二者坠落的速度。不过这个实验做起来有些困难，要做到同时放手就不太容易了，而且两个球坠落的速度太快，观察者可能根本看不清它们谁先落地，更别提准确测量落地的时间。

倾斜的平面

-

据我们所知，伽利略在一根木梁上挖了一道槽，然后打磨光滑，还在槽的内表面蒙了一层羊皮纸。然后，他支起木梁的一端，把光滑的铜球放进槽里，让它沿着梁向下滚动。利用这个倾斜的平面，伽利略实际上减缓了铜球坠落的速度，因此他可以方便地观察测量相关数值。

　　实验的难点依然是计时，刚开始伽利略靠自己的脉搏来计时，后来也用过水钟，最后他想到了利用声音来测速。他在沟槽旁边装了一排小铃铛，球滚过去的时候会碰到铃铛，发出清脆的声音。通过铃铛的声音，就可以比较准确地估算铜球的速度。

　　铃铛以相等的间距排列在沟槽旁边，随着铜球向下滚动，相邻的两个铃铛发声的间隔越来越短，换句话说，铜球在滚动的过程中，速度在不断地变快。伽利略不断更换铃铛的安装位置，最后发现，如果相邻的铃铛之间的间隔分别是 1、3、5、7、9 个单位，那么铃铛被碰响的时间就差不多是均匀的，也就是说，这些铃铛距离起点的距离分别是 1、4、9、16 和 25 个单位。通过这种方式，伽利略证明铜球在第 1 秒运动了 1 个单位，前两秒 4 个单位，3 秒 9 个单位，4 秒 16 个单位，5 秒则是 25 个单位——换句话说，铜球运动的距离与时间的平方成正比。

均匀加速度

-

　　伽利略意识到，铜球的加速度是恒定的，或者用他自己的话来说："从静止开始运动的物体在相等的时间段内获得的速度增量相同。"

　　伽利略的数学知识不足以让他推导出自由落体的运动公式，几十年后，牛顿将完成他未竟的工作。不过，这位意大利科学家的确证明了大球和小球沿着斜坡向下滚动的速度完全相同，亚里士多德的理论实际上是错的。

1648

研究人员：

布莱兹·帕斯卡

研究领域：

气象学

结论：

气压会随着海拔的升高
而降低

山顶上的空气更稀薄吗？

大气压力

布莱兹·帕斯卡出生在法国克莱蒙费朗，小时候的帕斯卡就是赫赫有名的神童，长大以后，他成了一名数学家和物理学家。帕斯卡发明过一种计算器，与此同时，他也是纯数和数学概率领域的先驱。除此以外，帕斯卡对伽利略和托里拆利的工作很感兴趣，沿着前人开拓的道路，他最终发现了气压升降的奥秘。

伽利略和托里拆利

1642 年，伽利略在去世前不久听到托斯卡纳大公手下的水泵制造商说起，他们的泵最多只能把水抽到大约 30 英尺（约 9 米）的高度。伽利略对这个问题颇有兴趣，去世之前，他还跟随侍在身边的学生埃万杰利斯塔·托里拆利谈起过这件事。

托里拆利决定利用水银来研究这个问题。因为水银的密度是水的 14 倍，所以要获得同样的效果，只需要一根不到 3 英尺（1 米）高的水银柱。

托里拆利制造了一根长约 3 英尺（1 米）的玻璃管，他封住管子的一头，在里面灌满水银。然后，他用手指堵住玻璃管的开口，将它倒放在一个

托里拆利实验

34

装满水银的碗里。结果发现，玻璃管里的水银下降到了碗内液面上方大约 29 英寸（约 74 厘米）的位置。

玻璃管内水银液面上方的空间是什么？人们为此展开了激烈的争辩。托里拆利认为，那就是真空，但相信他的人寥寥无几，因为按照亚里士多德的说法，"自然界厌恶真空"，所以真空完全就不可能存在。

托里拆利也许还注意到，玻璃管内的水银液面会随着天气的变化上升或下降；沿着这条路走下去，接下来他就会发明气压计。遗憾的是，1647 年托里拆利就去世了，所以他没有机会继续探究这个问题。

帕斯卡的实验

-

布莱兹·帕斯卡对托里拆利的工作很感兴趣，他把水银换成其他各种液体做了一系列实验，最终都得到了相似的结果。帕斯卡很想知道，是什么力量让玻璃管内的液体始终维持在一定的高度，会是大气的重量吗？如果真是这样，山顶上的大气压力应该比平地上小，因为那里的空气更加稀薄。于是帕斯卡大胆地推测，要是把同样的设备搬到山顶上，那么玻璃管内的液面应该会下降。

帕斯卡费了一番唇舌，终于说服了连襟弗罗林·佩里埃来帮他做这个实验。佩里埃住在法国中部的克莱蒙费朗，附近有一座 3900 英尺（约 1189 米）高的死火山——多姆山。1648 年 9 月 19 日早上 8 点，佩里埃从山脚下的修道院出发前往山顶。动身之前，他测量了玻璃管里水银柱的高度："我发现玻璃管内的水银柱比下方容器里的液

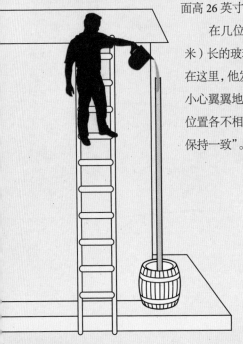

帕斯卡的木桶实验

面高 26 英寸 3.5 线（1 英寸 =12 线 ≈2.5 厘米）。"

在几位助手的帮助下，佩里埃带着 4 英尺（约 1.2 米）长的玻璃管和 16 磅（约 7 千克）水银爬上了山顶，在这里，他发现水银柱的高度下降到了 23 英寸 2 线，"我小心翼翼地重复读了五次数据……每次在山顶上选取的位置各不相同……但无论在哪里……水银柱的高度始终保持一致"。换句话说，山顶上的气压的确比山脚下更低。

帕斯卡原理

-

于是帕斯卡的理论得到了有力的验证，支撑玻璃管内水银柱或水柱的力量的确来自大气的重量。事实上，现在我们知道，海平面上的气压大约是 15 磅每平方英寸（psi），或者说 100 千帕（kPa）出头。1 帕等于 1 牛顿每平方米。

100 千帕气压等于 1 千克压力每平方厘米（N/cm²）；这意味着你的每个脚指甲都承受着大约 1 千克的压力。幸运的是，指甲下面还有弹性十足的血肉，足以抵抗强大的气压。

帕斯卡还证明了液柱底部的压强与它的高度成正比。按照他的理论，在装满水的木桶上方垂直放置一根 33 英尺（约 10 米）长的细管，然后从细管顶部向管内注水，木桶很快就会被压裂。

帕斯卡指出，密闭容器内部各处的压强始终相等，今天我们称之为"帕斯卡原理"。注射器和液压系统都是根据帕斯卡原理发明出来的。

轮胎为什么要充气？

气压和真空的力量

1660

研究人员：

罗伯特·波义耳

罗伯特·胡克

研究领域：

气体力学

结论：

一定质量的气体体积与它的压力成反比

1627 年 1 月 25 日，罗伯特·波义耳出生在爱尔兰南岸的利斯莫尔城堡里。少年波义耳曾跟随一位法国导师游历欧洲，回家以后，便决心要成为一名科学家。他加入了一个名叫"无形学院"的组织。该组织后来更名为"伦敦自然知识促进会"，然后逐渐变成了今天的皇家学会。

马德堡半球

马德堡市长奥托·冯·居里克在 1654 年制造了一个气泵，希望借此展示真空的力量，更确切地说，是气压的力量。1657 年，居里克用气泵抽空了两个直径 12 英寸（约 30 厘米）的铜半球，于是气压让两个半球紧紧地合在了一起，就连两组马都无法将它们拉开；直到居里克将空气重新注入球内，两个半球立即毫不费力地分开了。

与此同时，波义耳继承了爱尔兰的几片土地和一笔财富，移居到了牛津。他对托里拆利和帕斯卡的工作有所了解，听说了马德堡半球实验后，他雇用罗伯特·胡克制造了一个气泵，做了一系列实验。1660 年，波义耳将自己的实验结果结集出版，这本书名叫《力学新实验：关于空气弹性及其效应的物理》。

马德堡半球

气泵实验

-

波义耳和胡克用气泵抽空了一个很大的钟形玻璃罐，容器内的气压可能还不到正常气压的十分之一，几乎可以视为真空。抽空玻璃罐之前，他们在里面放置了一些实验装置。这两位科学家的真空实验得出了下面的结果：

·燃烧的蜡烛会熄灭，这说明火焰燃烧需要空气。

·外部观察者无法听见真空罐里的铃铛发出的声音，所以声音需要空气才能传播。

·烧红的铁在真空中会继续发光，所以光的传播不需要空气。

·真空罐内的鸟和猫都死了，因此空气是生命的必需品。

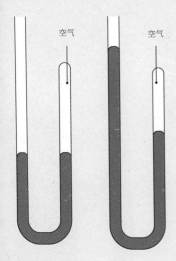

空气　　　空气

J形管

J形管实验

-

在波义耳和胡克的实验中，如左图左侧所示，玻璃管内的水银将一小段空气封闭在管子末端。如果把管子放进钟形罐里，然后抽空管子里的空气，玻璃管内的空气承受的压力就会减小；而若是继续往管子里注入水银，封闭空气承受的压力就会增大，如左图右侧所示。

波义耳和胡克发现，如果压力减小，玻璃管内的空气体积就会变大；若是压力变大，空气体积则会缩小，但波义耳在书中并未深入探讨这一现象。

与此同时，在英国的兰开夏，汤利庄园的理查德·汤利与物理学家亨利·鲍尔也用J形管做了一系列实验。1661年4月27日，这对搭档在潘多山海拔约1000英尺（约300米）的山腰上用J形管采集了一份"山谷空气"样品。

到达山顶以后，由于这里的气压较低，他们发现管子里的空气体积变大了。于是两位科学家又采集了一份"山顶空气"。回到山脚下以后，他们发现，空气体积缩小了。

那一年冬天，汤利和波义耳讨论了自己的实验，他提出，空气的体积和压力之间可能存在反比关系。于是波义耳做了几个定量实验，然后一丝不苟地记录下了自己的观察结果，最后他得出结论，一定质量的气体体积与它的压强成反比，这就是现在我们所知的"波义耳定律"。

空气的弹性

-

波义耳认为，空气由无数极小的羊毛圈似的微粒组成，这些粒子在受力时会像弹簧一样压缩，不过一旦压力消失，它们立刻就会反弹回来。他专门写了一本书来阐述空气的弹性。正是出于这个原因，我们的汽车和自行车都采用了充气的轮胎，因为空气的弹力有助于减轻路面的颠簸。

气压计

-

有传言称，托里拆利并未发现静置的玻璃管里水银柱的高度会出现细微的变化，但波义耳和胡克的确注意到了这个现象，他们推测，这可能和潮汐的变化有关。不过经过反复观察，两位科学家发现，水银柱的高度和潮涨潮落毫无关系，实际上，水银柱在天气晴朗时会升高，阴云密布时则会降低，尤其是在暴风雨来临的时候，水银柱会出现明显的下降。所以，气压计的发明者应该是波义耳和胡克，而不是托里拆利——虽然他的确为两位后来者指明了方向。

研究人员:
艾萨克·牛顿
研究领域:
光学
结论:
白色是彩虹的所有颜色
混合形成的

"白色"是一种颜色吗?

探究白光的特性

艾萨克·牛顿自幼体弱多病。他出生于 1642 年的平安夜,刚出生的牛顿看起来又瘦又小,大家都觉得他根本熬不到白天。牛顿三岁时,他的父亲去世了,随后他的母亲改嫁给了一位有钱的牧师,可怜的小男孩被托付给了粗枝大叶的外祖父母。孤独的童年赋予了牛顿内省的性格,他喜欢专注地思考各种各样的问题,从彩虹的颜色到月亮和行星的运行轨道。这让他成了历史上最伟大的科学家。

17 世纪 60 年代末,牛顿设计制造了一台反射望远镜——这是世界上最早的反射式望远镜。后来他又造出了第二台。当时牛顿在剑桥大学担任卢卡斯数学教授,他在课堂上提到了自己的发明。皇家学会的管理者看到望远镜后立即授予了牛顿院士资格,并询问他还做了哪些研究。1672 年 2 月 6 日,牛顿给皇家学会写了一封回信,详细阐述了自己的棱镜实验。

光谱

-

"我制造了一间暗室,然后在窗户的遮光板上凿了一个小洞,让一束阳光透过小洞照进暗室。接下来,我把棱镜放在光束中,将阳光折射到对面的墙壁上。"

透过棱镜的阳光形成了五彩斑斓的光谱,色带的长度是宽度的五倍,牛顿大吃一惊。他试着调整各个实验条件:将棱镜放到遮光板外面,让光束照射棱镜更厚的部分,把遮光板上的洞开得更大，但结果还是和原来一样。于是牛顿得出结论，自己观察到的现象一定来自光的折射。

牛顿仔细测量了房间的长度，由此计算出光的折射角度，最后发现，蓝光的折射角大于红光。牛顿宣布，他在光谱中观察到了七种颜色：红、橙、黄、绿、蓝、靛、紫。大部分人觉得蓝色就是光谱的尽头，但下方的色带的确还有细微的差异。或许牛顿的眼睛特别敏感，或许他早就认定了颜色应该有七种，因为"七"在他心目中拥有神秘的重要地位。

"然后我开始猜测，也许光……不是沿直线传播的，也许不同颜色的光各自按照一定曲率的弧线传播，所以才会在墙上投下斑斓的色带。当我想到被球拍击飞的网球沿弧线飞行，我就更加怀疑这一点了。"

旋转的网球一侧受到的空气阻力比另一侧更大，所以牛顿猜测光粒子也会产生相似的效果——他相信光由粒子（或者说"球状体"）组成。可是他的实验表明，光的确是沿直线传播的。

接下来，牛顿做了一个所谓的"判决性实验"。他在一块板子上戳了个洞，然后把它放在墙和棱镜之间，每

次只允许一种颜色的光透过小洞。挡板后有另一块棱镜，某种颜色（比如说绿色）的光透过小洞穿过第二块棱镜，再次发生折射，在墙上投下一片绿色的光影。牛顿发现，光第二次折射的角度和第一次完全相同，而且颜色不会发生任何变化，也不会进一步分化成其他颜色。

白光是什么？

-

牛顿总结道，阳光"由不同折射角度的光线组成，根据折射角的不同，这些光线在墙上投影形成色带"。换句话说，白色的阳光是所有颜色的光混合组成的，棱镜可以把白光分解成色带，因为每种颜色的光折射角度各不相同。"基于同样的原理，我们可以解释坠落的雨滴里为什么会出现彩虹。"

最后，牛顿用一组透镜（或者另一个棱镜）将所有颜色的光重新组合形成白光。在附言的四个段落中，他描述了自己如何意识到反射式望远镜可以消除普通透镜式望远镜难以摆脱的色像差，于是他亲自造了一台新式望远镜，用它来观察木星的卫星和新月相位的金星。

然后牛顿继续写道："所有自然物体的颜色都来源于此，我们之所以会看到物体的颜色，是因为它反射了更多这种颜色的光。"在暗室里，牛顿把各种物体放在光谱中观察，结果发现，任何物体都可以随心所欲地改变颜色，但是"如果物体在阳光下呈现某种颜色，那么只有在这种颜色的光带中，它看起来才最为鲜艳生动"。

光速是有限的吗？

探寻光的速度

1676

研究人员：

奥勒·罗默

研究领域：

光学

结论：

罗默测量得出，光的传播速度约为 133000 英里 / 秒（约 214000 千米 / 秒）

　　1672 年，丹麦科学家奥勒·罗默应邀离开哥本哈根前往巴黎，成了法国的皇家数学家，他还有一个任务是教导路易十四的儿子。罗默在皇家天文台完成了大量观测。当时这里的台长是意大利天文学家乔凡尼·多美尼科·卡西尼，卡西尼发现了土星环上的缺口，直到今天，这道缝隙仍被称作"卡西尼缝"。

木星的卫星

　　当时卡西尼一直试图解决在海上测量经度的问题。1610 年，伽利略发现了木星最大的四颗卫星（它们被统称为"伽利略卫星"），于是他提出，可以利用这几颗星星来测量经度。这些卫星绕着木星沿固定的轨道运行，其中木卫一的轨道离木星最近，它的大小和月球差不多，公转周期还不到两天。

　　只有在这些卫星运行到木星正面时，地球上的观察者才能看见它们，然后卫星逐渐消失在那颗巨大行星的阴影中，直到下一次重新出现在阳光下。如果水手能够测量木卫一的运行周期，再与事先制好的表格比对，就能算出自己所在的经度，因为在地球上不同地点观测到的木卫一离开木星阴影的时间会有细微的差别。

　　但这种方法有几个问题。第一，要等待木卫一出现，你需要持续观察很长一段时间，这不是一件容易的事情，而若是空中有云遮挡，你可能根本看不见那颗卫星。另外，定点观察在陆地上很容易做到——只要有望远镜就行——但海上的船时时刻刻都在运动，几乎不可能长时间固定在某个位置。所以，利用木卫一来计算经度实际上根本不可行。

尽管如此，巴黎皇家天文台的天文学家还是搜集了木卫一大量的运行数据，卡西尼也曾制作表格，预测什么时候能在地球上的各个地点观察到它。

发现异常

-

罗默意识到，这些数据里隐藏着一些秘密。卡西尼的表格不太可靠，有时候需要修正，但更严重的问题是，按照表格中的数据，地球与木星的相对位置会出现有规律的异常变化。

每年中有几个月的时间，地球上的人们根本看不到木星，因为它运行到了太阳背面，或者离太阳的位置太近，完全被恒星的光芒掩盖，所以无法观察。不过，当木星重新出现在我们的视野中时，它与地球的距离相当遥远（见下页示意图中的距离 A）。接下来，地球在轨道上继续运行，我们与木星间的距离逐步缩小，直至抵达最近点（见下页示意图中的距离 B），然后两颗行星间的距离才会再次拉开。

天文学家惊讶地发现，地球与木星之间的距离最近时，我们看到木卫一的时间比木星刚刚出现在视野中的时候早了 11 分钟；换句话说，木星分别位于近地点和远地点时，木卫一离开木星阴影的时间有 11 分钟的误差。唯一可能的解释是，光需要 11 分钟的时间才能跑过这段距离，即 A 与 B 之间的差值。

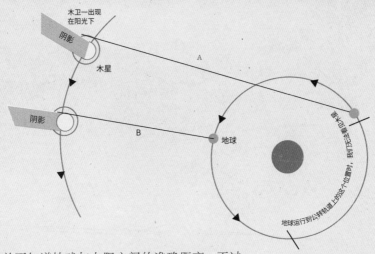

木卫一出现
在阳光下

阴影

木星

阴影

A

B

地球

地球运行到公转轨道上的这个位置时，我们无法看到木卫一

　　罗默并不知道地球与太阳之间的准确距离，不过根据当时最准确的估测值，他算出了光在这 11 分钟内的传播速度至少应该是 133000 英里 / 秒（214000 千米 / 秒）。这个值比我们今天公认的光速（186000 英里 / 秒或 299792458 米 / 秒）慢了大约 25%，不过这毕竟是人类第一次测量光速，考虑到测量的难度，这个值已经算是非常接近。

巧妙的预测

-

　　1676 年 9 月，罗默预测称，9 月 9 日木卫一出现的时间会比表格里的理论值晚 10 分钟。结果他说的完全正确。

　　尽管如此，卡西尼仍拒绝接受罗默的假设和推理，而罗默也从未正式发表过自己的研究成果。不过，去英国访问的时候，罗默得到了牛顿和爱德蒙·哈雷的赞同和支持。后来罗默回到哥本哈根，成了丹麦的皇家天文学家，并出任了皇家天文台台长。

1687

研究人员:

艾萨克·牛顿

研究领域:

力学

结论:

在没有外力作用的情况下，物体将保持静止或匀速直线运动

"苹果砸头"的故事
是真的吗？

牛顿运动定律

1665 年，剑桥大学因瘟疫而暂时关闭，艾萨克·牛顿回到了家乡。这段时间里，这位孤独的思考者做出了一生中最重要的科学发现。

传说牛顿住的房子前面有一棵很老的苹果树——他看到苹果从树上落下——于是他想到，一定有什么力量把苹果从树上拽了下来，所以可以推测，地面会产生向下的拉力，其作用范围至少能延伸到苹果树顶。那么，这种拉力的效果能延伸到月亮上吗？如果能，它就将影响月球的运行轨道。这会是真的吗？

根据传说，牛顿一把拽过母亲的地契，直接在背面开始演算。他意识到，物体所在的位置越高，它受到的引力就越小，于是牛顿猜测，物体与地心距离的平方和引力成反比。他认为自己的计算结果"看起来很接近事实"。牛顿还进一步推测，其他绕轨运动的天体之间也存在同样的引力，所以他称之为"万有引力"。

不过在接下来的十多年里，牛顿并未对外公开自己的发现。直到某一天，三位朋友——爱德蒙·哈雷、罗伯特·胡克和克里斯多佛·雷恩——像往常一样在咖啡馆里聊天，谈到彗星的运行轨迹时，他们展开了争执。胡克觉得自己能算出彗星绕太阳运行的轨道，结果却失败了。

访问剑桥

-

哈雷是牛顿为数不多的朋友之一。1684年，哈雷前往剑桥拜访牛顿时谈到了彗星轨道的问题，如果天体之间的引力与距离的平方成反比，那么彗星运行的轨迹会是什么样的？牛顿立即回答，应该是一条椭圆形轨道。这个答案之所以会脱口而出，是因为他早就算过——不过接下来他马上发现，原始的演算草稿居然找不到了。于是他答应重新算一遍，再把结果寄给哈雷。

同年11月，牛顿完成了这篇论文——《论天体的轨道运动》，他在文中解释了引力与距离平方成反比的理论。1687年，牛顿不朽的巨著《自然哲学的数学原理》出版发行，人们通常简称为《原理》。

这部艰深的著作用拉丁文写成，书中不光介绍了平方反比公式和万有引力，还提出了我们今天熟知的牛顿三大运动定律，由此奠定了经典力学的根基。

苹果的故事

-

威廉·斯蒂克利是一位古文物研究者——他醉心历史，热爱考古，为巨石阵的研究做出了巨大的贡献。除此以外，斯蒂克利还是牛顿的好朋友，他为这位伟大的科学家撰写了第一本传记。在这本书里，斯蒂克利生动而骄傲地记录了发生在1726年4月15日的一场对话：

> "我前去拜访艾萨克·牛顿爵士……并和他一起待了一整天。那天的天气很好，晚饭后我们来到花园里，坐在苹果树下喝茶。牛顿告诉我，他

之所以会想到引力的概念，最初的灵感来自树上掉落的苹果。苹果为什么总会垂直掉到地上，而不是向上飞、向左向右运动，或者沿斜线落地呢？"

斯蒂克利继续写道，这些问题"在他的脑海里盘旋"，"于是他反复思考，最终发现了万有引力和引力的作用机制；接下来，他开始运用这些规律来解释天体的运动和物质的聚合，由此发现了宇宙哲学的真正法则"。

1727 年，牛顿的助手约翰·康杜特在他撰写的牛顿传记中同样提到了这件事："1666 年，牛顿再次离开剑桥，回到林肯郡的母亲家里。有一天，他满怀心事地在花园里散步，看到苹果后突然想到，引力不仅仅作用于地面上的这一点空间，它的延伸范围比我们通常以为的要远得多。"

所以，牛顿至少给两个人讲过苹果的故事，不过这时候距离事件发生已经有 60 年了，也许这个故事只是他随便编的。

他为什么要编造这个故事？

根据牛顿留下的信件我们可以推测，在 1682 年之前，他一直认为行星绕太阳运行的轨迹是一个巨大的旋涡，就像从排水孔流出去的水一样。这套理论最早是笛卡儿提出的。不过到了 1682 年，哈雷彗星的出现推翻了笛卡儿的假设，因为它运行的方向与其他行星完全相反。

1674 年，胡克就曾提出引力的概念，也几乎完成了相关的数学计算。牛顿绝不肯承认胡克能在任何事情上胜过他，也许正是出于这个原因，他才编造了发生在多年前的苹果的故事，来证明自己在 1666 年就想到了引力的概念，比胡克早得多。

冰是……热的？

通电流体的性质

1760

研究人员：

约瑟夫·布莱克

研究领域：

热力学

结论：

冰变成水，水变成蒸汽都需要吸收热量

苏格兰裔的约瑟夫·布莱克出生于法国南部，因为他的父亲是一位葡萄酒商，所以他们家在波尔多拥有一幢洋房，还在附近买了一座带农舍的葡萄园。

对布莱克来说，去寒冷的贝尔法斯特求学应该是一段颇为痛苦的经历，后来他又去了格拉斯哥大学进修科学和医学。18 世纪 50 年代初，仍在攻读博士学位的布莱克首次分离出了纯净的气体，他得到的是二氧化碳，当时的人们称之为"凝固的空气"。

融化的雪

-

1755 年和 1756 年的冬天格外寒冷。1757 年，布莱克成为格拉斯哥大学的教授以后，他开始对冰雪的融化产生了兴趣。他曾在课堂上讲道：

> "如果我们深入思考冰雪融化的现象……尽管最开始冰雪的温度很低，但很快它们就会被加热到熔点，于是冰雪的表面开始融化成水。如果……冰融化成水只需要吸收一点点额外的热量，那么无论冰块的体积有多大，它都应该会很快融化……要是事实果真如此……春天的洪水应该来得比现在凶

猛得多。"

事实上，冰雪融化可能需要花费几周甚至几个月时间，于是布莱克推测，这个过程或许并不容易。但这是为什么呢？

他观察到，"就算没有温度计，我们也可以轻松地察觉到，较热物体的热量总会向周围较冷的地方扩散，直至温度分布均匀……热量达到某种平衡的状态"。

利用温度计，布莱克做了个实验。他把 1 磅（约 0.45 千克）热水和 1 磅冷水混在一起，最后得到的 2 磅水温度正好处于两者之间。

然后，布莱克又设计了另一个实验。他在两个一模一样的烧瓶里装满水，然后将烧瓶 A 冷却到接近冰点，即 32 ℉（0℃），烧瓶 B 则刚好冷却到冰点以下，里面的水自然就结冰了。接下来，他把两个烧瓶并排悬挂在安静的房间里，等待瓶内物质在室温下自然升温。烧瓶 A 里的水半小时后就达到了室温，但烧瓶 B 里的水达到同样的温度却花了超过十个小时。显然，冰变成水需要吸收大量的热，直到冰完全融化以后，它的温度才会开始上升。

潜热

布莱克认为，能够用手触摸——也能用温度计测量——的热叫"显热"，而冰融化所需的额外热量则是"潜热"，意思是"隐藏的热"。

为了验证这个理论，他又取了两个烧瓶，在烧瓶 C 中装满水，烧瓶 D 则装入水和酒精的混合溶液。布莱克在两个烧瓶里各放了一支温度计，然后在一个寒冷的晚上把它们放到了室外。两个烧瓶内的液体温度最终都下降到了 32 ℉。

不过，烧瓶 C 里的温度计下降到 32 ℉以后就再也不动了，温度计周围的水开始结冰；而烧瓶 D 里的温度还在继续下降，因为酒精溶液的凝固点比水更低。

沸腾的水

-

然后，布莱克以同样的方式研究了沸腾的水——如果手边有合适的温度计，你也可以自己试试。这个实验需要的量程大约是 65 ~ 220 ℉（约 18 ~ 104℃）。

将温度计放在装水的锅里，然后把锅放到炉子上加热。水的温度会逐渐上升到 212 ℉（100℃），然后开始沸腾；在水沸腾的过程中，它的温度不会继续上升。换个火力更大的炉子，水会沸腾得更快，但温度还是保持不变。

让水沸腾需要外界的热量，热会赋予每个水分子足够的能量，让它摆脱液态的束缚，蒸发成气态。这部分热依然是潜热——蒸发所需的潜热。

詹姆斯·瓦特和他的分离式冷凝器

-

几乎可以肯定，布莱克发现的潜热启发了他的朋友詹姆斯·瓦特。1765 年，瓦特发明了分离式冷凝器，由此大幅提高了蒸汽机的效率。

1766 年，布莱克来到爱丁堡大学，这里的很多学生是当地酿酒商的儿子。好奇的学生纷纷询问布莱克，为什么蒸馏工艺需要消耗那么多燃料，导致威士忌的价格居高不下？布莱克的回答非常简单：因为潜热。将液体蒸发为气体需要消耗大量能量，蒸汽冷凝后才能分馏出威士忌。

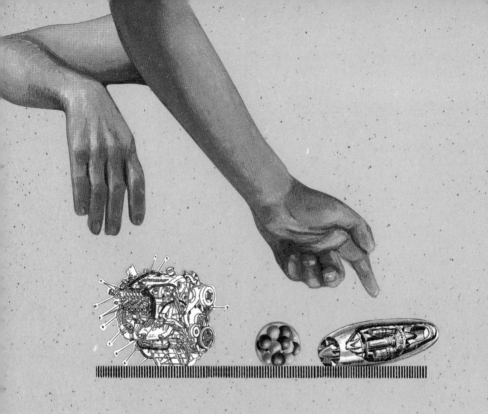

3. 更广阔的领域：1761—1850

　　18 世纪的科学面临着来自各个领域的挑战。牛顿时代的人们一定会觉得测量地球重量完全是个不可能的任务，但是到了 18 世纪，这个问题竟有了两种可能的解答。最终，一位不太情愿的天文学家和一位孤僻的天才分别测出了地球的重量。

　　电池的发明改变了科学和世界的面貌，几门新的学科就此萌芽，我们今天使用的各种电子设备也离不开电池。

耐心的酿酒师詹姆斯·焦耳苦心钻研多年，终于找到了热与力之间的关系，但其他科学家却对此心存怀疑。

　除此以外，人们仍为光的特性和行为争执不休。电磁现象被发现以后，迈克尔·法拉第和其他科学家进行了深入的研究，在前人的基础之上，他们造出了电动机、变压器、电磁铁和发电机。

1774

研究人员:

内维尔·马斯基林

研究领域:

引力

结论:

地球内部不是空的，而是
有一个金属质地的核

你能称出这个世界的
质量吗?

利用山峰完成测量的壮举

牛顿在 1687 年出版的巨著《原理》
中曾经提到，单摆（系在绳子上的配重块）
总会垂直指向地心，不过要是附近有山，
那么山峰质量产生的引力会让单摆产生微
微的倾斜。牛顿认为"山的引力"确实存在，
但实际上，它的效果非常微弱，完全无法
测量。

测量山的引力
-

八年后，皇家天文学家内维尔·马斯
基林意识到，如果能够测量山的引力效应，
那么或许可以利用这种方法算出地球的质
量。在山峰附近悬挂一个单摆，测出单摆
倾斜的角度，再估算一下山峰的质量，就
能算出地球的质量。这个数值非常重要，因为知道了地球
的质量，就能进一步推算出月球、太阳和其他行星的质量。
1772 年，马斯基林向皇家学会提交了建议，皇家学会批
准了他的提案，并派遣测量师查尔斯·曼森骑马周游苏格
兰，寻找合适的山峰。经过一个漫长的夏天，曼森终于回

到伦敦，他找到的最佳山峰是珀斯以北45英里（约72千米）处的榭赫伦山。

谁来做实验？

-

曼森拒绝承担实地实验的任务，马斯基林也表示自己很忙，而且不管怎么说，他还有个皇家天文学家的头衔——这意味着要他去做这个实验，首先必须得到国王的批准。不幸的是，国王非常支持这件事，所以他欣然批准了皇家学会的申请。马斯基林不情不愿地离开了格林尼治那间舒适的宿舍，乘船前往北方的珀斯。到达港口后，他骑上驮马，直奔高地。

山中岁月

-

榭赫伦山长而狭窄，大致呈东西走向，山顶海拔3543英尺（约1080米）。马斯基林在南麓的半山腰里扎下营来，他有一间茅舍、一顶帐篷、一座精确的摆钟，还有从皇家学会借来的长达10英尺（约3米）的望远镜。马斯基林计划借助头顶的星星找到自己的准确位置，然后通过单摆来确定"垂线"。不幸的是，山里的雨雾缭绕了足足两个月，他完全无法进行任何观测，然后又过了一个月，他才终于算出了自己的确切方位。

然后，马斯基林设法绕到榭赫伦山的北麓——这花费了他整整一周时间——再次进行位置测量。与此同时，另一组测量师带着简陋的帐篷、铁链（用来测量长度）、气压计（测量高度）、经纬仪（测量角度）和其他设备绕着山峰转了一整圈。他们记录了不同地点的数千个角度和高度，并利用这些数据算出了马斯基林两个营地之间的距离。

矛盾的数据

-

利用单摆和头顶的星星,马斯基林算出了两个营地的确切位置和二者之间的距离。他算出的数字和测量师得出的结果之间有 1430 英尺(约 436 米)的误差,因为山峰本身有引力,所以单摆的垂线并不是完全垂直的。

两个数据之间的误差比他预计的要小,这意味着地球的平均密度远大于榭赫伦山。以前曾有人提出,地球是个空心的球体,就像网球一样;现在这套理论不攻自破。马斯基林表示,恰恰相反,地球一定拥有一个金属质地的地核。

接下来,马斯基林只需要测出山峰的质量,就能算出地球的质量。他可以大致估计山峰的密度——单位体积的质量,但要得出最后的结果,他还得测量山峰的体积。

计算体积

-

为了完成这个任务,马斯基林请求一位数学家朋友提供帮助。查尔斯·赫顿意识到,他可以利用测量师记录的高度数据来计算山峰的三维立体形状。赫顿在一份报告中提到,他用铅笔把所有高度相等的点连了起来,于是山峰的形状立即跃然纸上。换句话说,他发明了等高线。

知道了山峰的体积,马斯基林和赫顿成功地算出了榭赫伦山的质量,并由此推算出,地球的质量大约是 5×10^{21} 吨。17 世纪牛顿曾经估计过,地球的质量是 6×10^{21} 吨,最后我们发现,居然是牛顿的数值更接近真相。

无论如何,马斯基林的壮举是人类测量地球质量的第一次尝试。

你能（不借助山峰）称出这个世界的质量吗？

另一种测量地球质量的方法

1798

研究人员：
亨利·卡文迪许

研究领域：
地球科学

结论：
地球的质量是 6×10^{21} 吨

约翰·米切尔原本是剑桥大学的地质学教授，负责讲授算术、几何、神学、哲学、希伯来语和希腊语，不过37岁的时候，他离开剑桥前往约克郡的桑希尔，成了圣米迦勒与诸天使教堂的院长。米切尔可能是想为自己的科研工作争取更多的时间和金钱，所以才接下了这份报酬颇为优厚的工作。1784年，他在一封写给皇家学会的信里首次提出了黑洞的设想。他还设计制造了一台测量地球质量的设备，但从未真正亲自动手测过。1793年，米切尔去世了。在此之前，他把这台设备留给了他的朋友亨利·卡文迪许。

亨利·卡文迪许的性格颇为怪异，如果他生在今天，

我们或许会说他有点自闭。卡文迪许的祖父和外祖父都是公爵，家资颇丰，他甚至在英国伦敦克拉珀姆公地的家里建造了自己的实验室。据说卡文迪许是有史以来最富裕的学者，当然，他或许也是富人中最有学问的那一个。

沉默的天才

-

卡文迪许总是穿着一件皱巴巴的紫色外套，戴着黑色的三角帽。他特别害羞，不愿意跟人打交道。每次不得不开口说话的时候，他的语气总是有些迟疑，音调也高得吓人，所以他很少说话。一位同行曾经评价说，卡文迪许一辈子说的话可能比特拉普会的修士还少，众所周知，这个教派以沉默寡言闻名。参加皇家学会会议的时候，他也总是一言不发。

1766 年，卡文迪许成功分离了氢气——这是人类有史以来得到的第二种纯净气体——他发现这种气体轻而易燃，与空气混合后会发生爆炸。氢气爆炸的唯一产物是水，卡文迪许由此推断，水的化学式应该是 H_2O。他把这个结果告诉了詹姆斯·瓦特。1783 年，瓦特发表了这项成果。

称量世界

-

卡文迪许装好了米切尔的设备，准备测量地球的质量，验证 20 年前马斯基林测得的结果。实际上，卡文迪许的实验比马斯基林的更加简单精确，他用铅球取代了山作为引力的来源。

卡文迪许用一根很长的细绳将 6 英尺（约 1.8 米）长的木杆水平悬挂起来，木杆两头各有一个直径 5 厘米、重 1.61 磅（约 0.73 千克）的铅球。每个铅球的逆时针方向（见下页图）9 英寸（约 23 厘米）处又各放置了一个直径 12 英寸（约 30 厘米）、重 350 磅（约 159 千克）的大铅球。

大球对小球的引力会让小球发生偏转，于是木杆也会随之旋转；当细绳产生的扭力正好等于小球受到的引力时，木杆将保持平衡。卡文迪许知道小球的重量——也就是地球对小球的引力。如果能够测量大球对小球的引力，那么就能算出地球的质量与大球质量的比值。

灵敏的设备

整套设备需要静置几个小时才能稳定下来，这个实验非常精密，气温的细微变化和微弱的气流都可能影响结果。所以卡文迪许把实验设备安装在专门的房间里，通过外部的控制设施进行调整，然后利用望远镜透过窗户观察结果。

卡文迪许实验

小球稳定下来以后，卡文迪许记录下它们的位置，然后将大球移动到小球的另一侧，于是小球开始朝反方向旋转。小球再次稳定下来以后，卡文迪许发现，它们只移动了 0.16 英寸（约 4.1 毫米）。测量结果非常精确，足以让卡文迪许算出大球的引力。

实际上，大球的引力很小——大约只有 15 毫微克，相当于一小粒沙子的质量——但这已经够了。卡文迪许细心地排除了任何可能的误差，由此算出地球的平均密度大约是水的 5.4 倍，他得到的地球质量和我们今天公认的结果（5.97×10^{24} 千克）非常接近。

现在，物理系的学生经常会做这个实验，虽然最初的想法和设备都来自约翰·米切尔，但人们仍将它命名为"卡文迪许实验"，因为是他首次实施了这个实验。

1799

研究人员:

亚历山德罗·伏特

研究领域:

电学

结论:

由此诞生了几个新的科学分支

电池是如何发明的?

制造第一个电池

古人对静电并不陌生——实际上,"电子"这个词在希腊语中的意思是"琥珀",因为古希腊人知道,用布摩擦琥珀就能产生静电。

本杰明·富兰克林将风筝送入雷雨云,由此证明了闪电也是电的一种形式,不过直到现在,人类还是没有成功驯服闪电。要想研究"电流"的性质,科学家必须设法制造出持续的小剂量电流。

动物电

-

1780 年,意大利科学家路易吉·伽伐尼在博洛尼亚大学完成了第一步,他提出,动物是由电驱动的。伽伐尼无意中发现,解剖台上的青蛙腿抽搐了一下,当时附近正好有一台静电发电机。伽伐尼打算把青蛙挂在铜钩上晾干,结果铜钩正好碰到了一块铁,两种金属接触的瞬间,青蛙腿再次抽搐起来。于是伽伐尼大胆猜测,青蛙的身体会产生电,虽然它很久以前就已经死了。时任帕维亚大学自然哲学(物理)教授的亚历山德罗·伏特对抽搐的青蛙腿很感兴趣,但他并不相信动物会产生电流。伏特认为,电实际上是两种金属接触产生的。从 1793 年到 1794 年,伏特发表了几篇论文来阐述自己的想法,并开始进行下一步的研究。

不同的金属

-

伏特将一片锌和一片银（例如硬币）放在一起，然后用舌头轻轻舔了舔。与两种金属接触的瞬间，他感觉舌尖微微有些刺痛。为了获得更强的效果，伏特想出了个聪明的主意：他制造了许多个这样的"金属三明治"，然后把它们叠到了一起。

不过，锌—银—锌—银的组合无法达到理想的效果，因为每组金属产生的电很快就会被下一组反向叠放的金属抵消，所以伏特需要用能够导电的非金属介质把这些金属片两两隔开，换句话说，他需要的是某种非金属导体。伏特选择了泡过盐水的纸板。所以，"三明治"的结构变成了锌—银—纸板—锌—银—纸板—锌，如此排列下去。他称之为"伏特堆"，又叫"电池"。

伏特制造的原始电池相当粗糙，它产生的电压或许只有几伏，不过足以让他感受到电击的力量。伏特用导线把电池两头连接起来的时候，导线的接头也冒出了火花。

1799 年，伏特就捣鼓出了电池的雏形，后来他曾为拿破仑做过演示，法国皇帝深受震撼。不过更重要的是，1800 年 3 月 20 日，伏特写了一封长信给英国皇家学会的会长约瑟夫·班克斯爵士，详细介绍了自己的实验。6 月 26 日，班克斯在皇家学会大声朗读了这封法语信的英文译本：

> "我把几十个小圆片叠了起来……银片的直径大约是 1 英寸（约 2.54 厘米）锌片的大小和它差不多，数量也完全相同。我还准备了一些……圆形的纸板……它们可以吸收并储存大量……盐水。"

电击之痛

-

伏特在信中写道，可以用一根粗导线将电池组与一碗水连起来。"现在，如果把一只手浸到碗里，再用金属片轻轻触碰金属堆的另一头，浸在水里的那只手就会感觉到明显的电击和刺痛，直达手腕，有时候刺痛甚至会传播到手肘的高度……"

他还说："如果在这套装置的两头分别接上一根探针，然后把两根探针放进耳朵里，那么你的听力就会大受影响。"

现在回头去看，伏打所做的不过是电了自己几下，制造了一点点火花，似乎完全不足为奇。但好戏这才刚刚开始。班克斯读过这封信以后，其他科学家立即开始动手制造电池，他们制造的电池产生了持续的电流，这是破天荒第一次。

有了这样的电池，科学家就能深入研究各种材料的性质，寻找导体和绝缘体。除此以外，他们还能探查电流本身的性质，研究电势（它的单位是"伏"，也就是"伏特"的简称）、电流（安培）、电阻（欧姆）和其他相关知识。

化学里的电

-

汉弗里·戴维在伦敦的皇家研究所制作了一个巨大的电池，并用它做了一些令人叹为观止的化学实验。戴维推测，不同的金属接触后一定会发生某种化学反应，因此产生了电流。所以他觉得可以用电流来诱发化学反应，根据这个思路，戴维首次分离出了金属钠和钾。

今天我们使用的大部分物品似乎都离不开电。伏特的实验或许是科学史上最为重大的发现。

———

光会互相干涉吗？

杨氏双缝实验

1803

研究人员：

托马斯·杨

研究领域：

光学

结论：

光以波的形式传播
——果真如此吗？

艾萨克·牛顿在 1672 年那篇著名的论文和 1704 年的著作《光学》中都曾提到过光"线"，不过总体而言，他认为光是由粒子组成的。但荷兰博学家克里斯蒂安·惠更斯不同意牛顿的观点，他认为光是由波组成的。一百多年来，两人的争议一直没能得出一个确定的结果。

粒子还是波？

另一位博学家托马斯·杨在许多领域做出了杰出的贡献，19 世纪初，他发表了一系列论文，阐述了光的折射。杨认为光以波的形式传播，他的实验结果验证了这一理论。杨知道，两个有细微差别的音节同时奏响，你就能听见明显的节拍，因为声波会产生干涉。于是他推测，如果光真的是一种波，那么两道光波也应该会互相干涉。

和牛顿一样，杨也在窗户的遮光板上戳了个小洞，然后用一片黑纸把它盖了起来，又用针在黑纸上扎了一个孔。接下来他利用一面镜子，把透过小孔的阳光反射到对面的墙壁上：

"我用一片宽约 1/13 英寸（约 2 毫米）的纸板挡住了那束光，观察它在墙上和离墙距离不等的其他纸板上投下的影子。影子两侧边缘都有彩色的光晕，除此以外，影子中央也出现了平行的色带。"

类似的实验有很多，其中最著名的是"双缝实验"：光透过纸板上的两条狭缝投射到屏幕上，会产生明暗相间的图样。它更广为人知的名字是"杨氏实验"，虽然没有任何证据表明杨曾经做过这个实验。

干涉图样

-

如果光真的是由粒子组成，那么透过两条狭缝的光束只会在屏幕上投下两条明亮的线，但实际上，它却形成了明暗相间的图样。

每道狭缝相当于一个独立的光源，它们各自发射出一道光波。来自狭缝 A 的波峰与来自狭缝 B 的波峰重叠时，屏幕上就出现了明亮的条纹；而两道光波的波峰和波谷互相抵消，就会形成暗淡的条纹。

我们实际观察到的结果是，屏幕上出现了明暗相间的条纹，它唯一可能的来源是光的折射和干涉，所以光必然是以波的形式传播的。虽然杨的实验十分缜密，推理过程也相当严谨，但仍有很多科学家拒绝接受他的说法，因为伟大的艾萨克·牛顿怎么可能犯错呢？直到 50 年后，人们发现光在水中的传播速度比在空气中慢得多，杨的理论才终于得到了认可。

屏幕上两道相邻明亮条纹之间的距离是光波长的函数，也就是说，不同颜色的光会产生宽度不等的条纹。

粒子图样

波图样

现在物理学家普遍认为，光以"波包"的形式传播，也就是光子。杨并不知道，真正令人震惊的是极低照度的光表现出的某种特性：如果光源每次释放的光子只有一个，那么它可以同时穿过两道狭缝。

要是单个光子只能穿过一道狭缝，那么它应该直接投射到屏幕上的某个点，不会产生任何干涉。那么我们把屏幕换成光敏摄像机，然后让单个光子逐一通过狭缝，胶片上最终应该出现离散的光子组成的点状图样。

但事实并非如此。我们发现，胶片上留下的仍是明暗相间的条纹。于是我们就这样跨入了量子力学的诡异领域。根据量子力学，单个光子不一定只能出现在一个地方。比如说，它有 30% 的概率穿过狭缝 A，70% 的概率穿过狭缝 B，那么量子力学会告诉你，它可能同时穿过两道狭缝，与自己发生干涉。

既是波又是粒子

-

换句话说，光子同时表现出了粒子和波的特性，我们称之为光的波粒二相性。归根结底，那些相信粒子说的人也不算大错特错。

1961 年，科学家发现电子也有同样的特性。电子肯定是某种粒子，因为它拥有质量，但与此同时，电子也表现出了波的一些性质。1974 年，研究者通过实验证明，单个电子也会形成干涉图样。

理查德·费曼评论说：

"经典物理……完全无法解释这种现象，它属于量子力学的领域。"

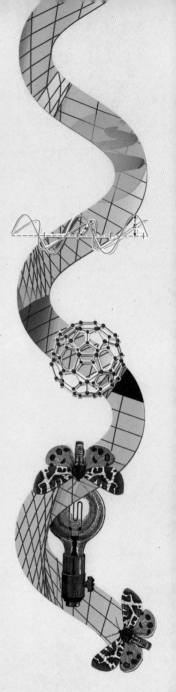

1820

研究人员:

汉斯·克里斯蒂安·奥斯特

迈克尔·法拉第

研究领域:

电磁学

结论:

电和磁可以相互作用

磁能产生电吗?

发现电磁现象

电池已经诞生了 20 年,很多科学家用它来做实验,但谁也没有系统地研究过电流和磁场之间的关系。

1820 年 4 月 21 日,哥本哈根大学的物理教授汉斯·克里斯蒂安·奥斯特正在准备给学生上课,合上电池开关接通电流的时候,他发现桌上的罗盘指针轻轻动了一下。然后奥斯特断开电流,罗盘指针又动了一下。

这个发现并非完全出于偶然,因为当时他正在研究电和磁之间的关系。经过仔细探查,奥斯特发现,导线中的电流会在周围产生一圈磁场,就像套在手臂外面的袖子一样。三个月后,他把自己的成果发表在了一本私下流传的小册子上。

巴黎

-

法国科学院的弗朗索瓦·阿拉戈和安德烈·玛丽·安培听说了奥斯特的工作,于是他们立即行动起来。安培发现,如果两条平行导线中的电流朝相同的方向流动,那么这两条导线会互相排斥;而若是电流方向相反,它们就会互相吸引。他建立了一套数学理论来解释这个现象,根据安培定律,这两条导线之间的力与电流强度成正比。

伦敦

-

奥斯特的发现也传到了伦敦的皇家研究所，汉弗里·戴维和威廉·海德·沃勒斯顿试图利用这一原理制造电动机，但没有成功。当时戴维的助手是迈克尔·法拉第。听到戴维和沃勒斯顿讨论电动机的事情以后，法拉第也开始思考电和磁之间的关系。

1821 年 9 月初，法拉第做了一系列实验，研究通电导线附近的罗盘指针受到的引力和斥力。根据自己的观察结果，他画了一些示意图。在最后一张示意图中，他画了一根导线绕着罗盘指针——或者说磁铁——旋转。根据这幅图，法拉第制造了一个玩具电动机。

第一台电动机

-

最早的电动机结构相当简单。它的主体是两个盛放水银的玻璃杯，左侧的杯子上方悬挂着一根固定的铜棒，铜棒末端刚好浸入液面以下，玻璃杯底还放着一根磁棒，它可以绕铜棒旋转；右侧杯子里的导线可以活动，磁棒则固定在玻璃杯里的水银中间。通电以后，电流产生的磁场与磁棒的磁场方向相反，于是左侧杯子里的磁棒会围绕铜棒旋转，而右边杯子里的导线则围绕磁棒旋转。

电动机的成功让法拉第兴奋不已，这是他的第一个重

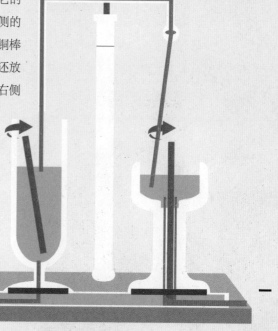

简单的电动机

67

大发现。激动之下，他没有知会戴维和沃勒斯顿，直接就把这个结果发表出去。沃勒斯顿大发雷霆，他指责法拉第剽窃了自己的创意，双方因此陷入了旷日持久的争执。

1829 年，戴维去世以后，法拉第终于可以自由地继续研究电和磁了，很快他就发现了另一件事情，这或许也是他一生中最重要的发现：磁铁可以诱使线圈产生电流，这就是电磁感应现象。法拉第把两组独立的线圈绕在同一个铁环上，给其中一个线圈通电的时候，另一个线圈中也会产生瞬时的感应电流。法拉第还发现，磁铁穿过线圈时会产生电流，线圈在静止的磁铁旁移动也同样能产生电流。这些实验表明，磁场的变化会产生电流，换句话说，机械能可以转化为电能。法拉第的发现最终让我们造出了变压器和发电机。

场线

-

法拉第几乎没有上过学，也没有接受过任何数学训练，但是，他用场线描绘了电磁场的形状。法拉第把一张纸放在磁铁的两极上方，然后在纸上撒了一些铁屑，在磁场的吸引下，铁屑形成了一道道规律的弧线，这就是磁场在空间中的形状。

1845 年，法拉第通过实验证明，强磁场能够扭转偏振光的传播平面，后来他还发现了抗磁性现象，即某些物质会对磁场产生微弱的斥力。

声音能拉伸吗？

运动如何改变声调

1842

研究人员：
克里斯蒂安·安德烈亚斯·多普勒

研究领域：
声学

结论：
声波可以压缩或拉伸，具体取决于观测者与声源之间的相对运动

1842 年，38 岁的多普勒发表了他一生中最重要的论文——《论天体中双星和其他一些星体的彩色光》。这篇论文的原稿是用德语写的。在这篇论文中，多普勒提出，光以波的形式传播，光的颜色取决于波的频率。

他还表示，如果光源和观察者发生了相对运动，那么波的频率也会随之变化。多普勒举例说，如果一艘船在波涛汹涌的水面上行驶，那么它顺风航行的速度肯定远远大于逆风航行的速度。在这种情况下，船的运动速度会影响它遇到波浪的频率，航行的速度越快，单位时间内遇到的波浪就越多。于是多普勒总结说，声波和光波也会出现类似的现象。

多普勒效应

如果一台应急车辆——救护车、警车或者消防车——正朝你开过来，你会听见它的警笛声变得越来越响，不过请注意听警笛的音高，或者说声调。当它向你靠近的时候，警笛的声调会变得越来越高亢，而当它从你身边经过以后，声调又会逐渐降低，最后消失不见。

之所以会出现这样的现象，是因为应急车向你飞驰而来的时候，声波遭到了压缩。警笛发出的每个相邻波峰之间的距离都会压缩一点点，所以波峰之间的距离比车辆静止时更短。波峰全都挤到了一块儿，声音就会变得尖厉

波长长，频率低　　　　　　　　　波长短，频率高

而高亢。而当车辆远离你的时候，每个相邻波峰之间的距离都会拉伸一点，于是声波被拉长了，频率自然也就随之降低。

以此类推，鸭子和天鹅在水面上游过时，其前方的涟漪会挤到一起，而身后的则会散开。

双星

-

在 1842 年的那篇论文中，多普勒提出，恒星发出的自然光是白色或暗黄色的。但是，如果某颗恒星正在向我们靠近，那么它发出的光会比正常情况下更加偏蓝；而若是某颗星星正在远离我们，那么它的光看起来就会偏红。

两颗距离很近的恒星会组成双星系统，而且双星通常会以很快的速度围绕对方旋转。天鹅座 β 就是一个著名的双星系统，其中较大的那颗恒星偏红，较小的恒星呈现出明显的蓝色。多普勒推测，较大的恒星正在远离我们，而较小的恒星正在靠近我们。

他总结说，如果两颗恒星的亮度相仿，那么它们的颜色也会互补，但如果二者亮度差别较大，那么明亮的那颗星星质量更大，所以另一颗星星会围绕它旋转。在天鹅座 β 的双星系统中，较大的恒星只是微微有些偏红，但另一颗却非常蓝，这说明做旋转运动的主要是蓝色的那颗星星，红星几乎保持静止。

多普勒还举了周期性变星的例子。这种星星大部分时间根本观察不到，但它们会突然出现在天空中，看起来是红色的。多普勒说，变星大部分时间释放的是看不见的红外线——所以我们观察不到它们——但实际上，这些星星都是双星系统，它们绕着看不见的伙伴旋转。运行到轨道上的某个位置时，它们的速度变得很快，导致释放的射线向光谱的红色端移动，于是我们就看见了红色的星星。

今天，天文学家利用多普勒效应来测量恒星与星系相对于地球的运动速率。正在靠近我们的星星看起来更蓝，这就是所谓的"蓝移"，而远离我们的星星则会出现红移。1929 年，爱德文·哈勃利用多普勒效应——星系的红移——证明了宇宙在不断地膨胀。

1848 年，希波莱特·斐索发现，多普勒效应同样适用于电磁波，所以在法国，人们有时候也会把这种效应称为"多普勒 - 斐索效应"。

多普勒效应的实际应用

警察利用雷达测速仪来监测驾驶员是否超速。测速仪发出的雷达波会被车辆反弹回来，根据发射波与回波之间的频率差，测速仪——也就是监测者——可以算出车辆的行驶速度。

医生也会用类似的设备检测血流，比如说，利用超声波检查颈部动脉。只要把设备以特定的角度放在病人的脖子上，仪器就能测出动脉内部的血液流动的速度。

我们还可以利用激光多普勒测振仪来测量振动。用激光照射待测物体的表面，通过反射回来的光线，仪器就能测出振动的各种参数。

1843

研究人员：

詹姆斯·普雷斯科特·焦耳

研究领域：

热力学

结论：

水需要很多能量才能产
生一点点热量

让水变热需要多少能量？

热的特性

早在 1798 年，好奇的美国间谍伦福德伯爵就曾探索过热的本质。伦福德在巴伐利亚做了一个实验，他用一个特别钝的钻头给炮筒钻孔，结果产生了大量的热。伦福德表示，这些热完全是由摩擦产生的，它一定与铁粒子的某种运动有关。

不幸的是，当时的主流观点认为热是一种流体：如果你把热的物体和冷的物体放在一起，那么一部分"热流"会渗进冷的物体里，让它变得暖和起来。法国科学家拉瓦锡将这种流体命名为"热质"，他还表示，热质既不能被创造，也不能被销毁。

蒸汽还是电？

詹姆斯·普雷斯科特·焦耳出生于英格兰北部的索尔福德，他的父亲是一位酿酒师。焦耳继承了父亲的事业，不过他对电很感兴趣，所以他经常在家里做各种各样的电学实验。焦耳想弄清楚新出现的电动机能否取代酿酒厂里的蒸汽机，1841 年，他发现"载流导体产生的热与电流强度的平方和导体电阻的乘积成正比"，或者简单地表达为"热量与（电流）^{2}× 电阻成正比"。这就是著名的焦耳定律。

焦耳研究了蒸汽机，然后他计算得出，当时最好的康沃尔蒸汽机对外输出的能量还不到它产生的热量的十分之一，也就是说，"这种蒸汽机的效率低于10%——简直还不如马"，焦耳总结道。

焦耳还发现，在一些电学实验中，电路的某些部位会发热。根据热质理论，这些热一定来自电路的其他部位，因为热质不会凭空产生或消失——可是仔细检查了所有设备以后，焦耳发现，电路里并没有哪个地方变冷了，这些热只能来自电流本身。

此外，如果你紧紧地握住一根绳子，然后快速地把它抽出来，你的掌心一定会火辣辣地发烫。手掌与绳子之间没有任何流体——它们只是发生了相对运动。焦耳决定深入探索各种形式的运动到底能产生多少热量。

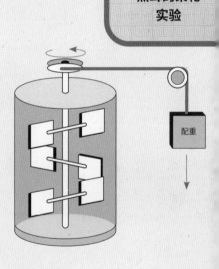

焦耳的桨轮
实验

桨轮

焦耳在水罐里装了一套桨轮，然后在桨轮的轴上绕了几圈绳子，利用外部的配重块拉动绳子，带动桨轮旋转。他知道配重块下降时做了多少功，然后又测量了罐子里的水每分钟的温度变化。水的升温速度很慢，所以焦耳不得不反复测量，才能得到有用的数据。

在一次实验中，他设计的配重块行程长达11米。焦耳反复把它拉起来又放下去，重复了整整144次——但罐子里的水温只升高了区区几度。

焦耳尝试过用电来加热水，他还曾迫使水穿过狭窄的管道，测试它的温度是否会因此而升高。有传说称，焦耳在法国南部度蜜月时也总是想着做实验，他甚至试图测试萨朗什瀑布顶部和底部的温差。不幸的是，瀑布对水温的影响微乎其微，就连尼亚加拉瀑布顶部和底部的温差也只有大约1/5摄氏度。

焦耳总共尝试过用五种方式来加热水，最终他得出结论：平均而言，要让 0.25 磅（约 0.11 千克）的水升温 1 华氏度（0.56 摄氏度），你需要让 800 磅（约 363 千克）的配重块下降 1 英尺（约 30 厘米）。

冷遇与否认

-

1843 年，焦耳在英国科学促进会的一次会议上宣布了自己的结论，但迎接他的却是岩石般的沉默。焦耳的理论颇具争议性，没有哪家主流期刊愿意发表他的研究成果。

迈克尔·法拉第对焦耳的理论倒是有些兴趣，他"深受震撼"，不过依然将信将疑。威廉·汤姆森（即后来的开尔文男爵）也心存怀疑，不过后来焦耳在度蜜月时又和他见了一面，从那以后，汤姆森开始逐渐接受焦耳的理论。从 1852 年到 1856 年，两人频繁通信，后来，他们共同发现了焦耳 - 汤姆森效应：气体在压力作用下通过阀门后温度会下降。今天所有的冰箱、空调和热泵都是利用这一原理制造出来的。

焦耳的理论逐渐得到了广泛的认可，国际能量单位"焦耳"就来自他的名字。现在我们知道，4.2 焦耳的机械功等于 1 卡路里热量。

有趣的是，焦耳还曾说过："物质中蕴含的能量来自上帝的恩赐，所以人类当然无法创造或毁灭它。"换句话说，出于某些很不科学的原因，詹姆斯·普雷斯科特·焦耳首次提出了能量守恒的概念。

光在水里会变快吗？

反射与折射

1850

研究人员：
阿曼德·希波莱特·路易斯·斐索
让·伯纳德·莱昂·傅科

研究领域：
光学

结论：
光的确是以波的形式传播的

1676 年，奥勒·罗默就曾测量过光速；1729 年，詹姆斯·布拉德雷又利用"光行差"的天文学方法重新测量了光速。

1819 年 9 月，希波莱特·斐索和他的朋友莱昂·傅科先后在法国巴黎出生，他们的生日相隔只有五天。少年时他们俩都是医学生，后来又一起参加了摄影术先驱路易·雅克·达盖尔开设的摄影课程。斐索和傅科共同改进了摄影的流程，不过后来又有其他实验者发明了更好的方法。

测量地球上的光速

-

斐索在医学院里得了偏头痛，所以他转而改学了物理。1849 年 7 月，斐索在巴黎的父母家里设计了一个巧妙的实验来直接测量光速。他制作了一个带有 100 个齿的圆形遮板，用一束光透过轮齿之间的空缺照射 5 英里（约 8 千米）外的一面镜子，光会被镜子反射回来，往返路程长达 10 英里。然后斐索转动齿轮遮板，当它的转速达到一定值的时候，反射回来的光直接投射到遮板后面。这意

1849 年的斐索实验

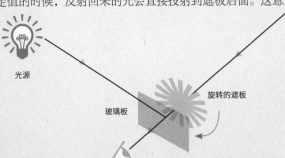

镜子

光源

旋转的遮板

玻璃板

味着入射光和反射光分别穿过了遮板上两道相邻的空缺。

问题在于，光传播10英里（约16千米）只需要大约0.05秒，或者说50毫秒，所以遮板上的空缺需要排得很紧，而且遮板必须转得很快。无论如何，1849年，斐索成功计算出光的传播速度是194700英里/秒（约313000千米/秒），比我们今天的准确值高了大约5%。

与此同时，莱昂·傅科也放弃了医学课程，因为和年轻的查尔斯·达尔文一样，他发现自己晕血。1850年，傅科和斐索一起参军入伍，很快他们又设计了一套更巧妙的系统来测量光速。在这个实验中，光单程传播的距离长达20英里（约32千米），不过这次他们把静止的反射镜换成了一面高速旋转的镜子。

光传过40英里（约64千米）的距离被反射回来以后，由于镜子已经旋转了一定的角度，所以入射光和反射光之间会产生微小的偏离角，即示意图中的A角。镜子的旋转速度已知，代入测得的偏离角A，就能算出光速。他们最后得出的结果是185000英里/秒（298000千米/秒），与今天公认的光速值相差在1%以内。

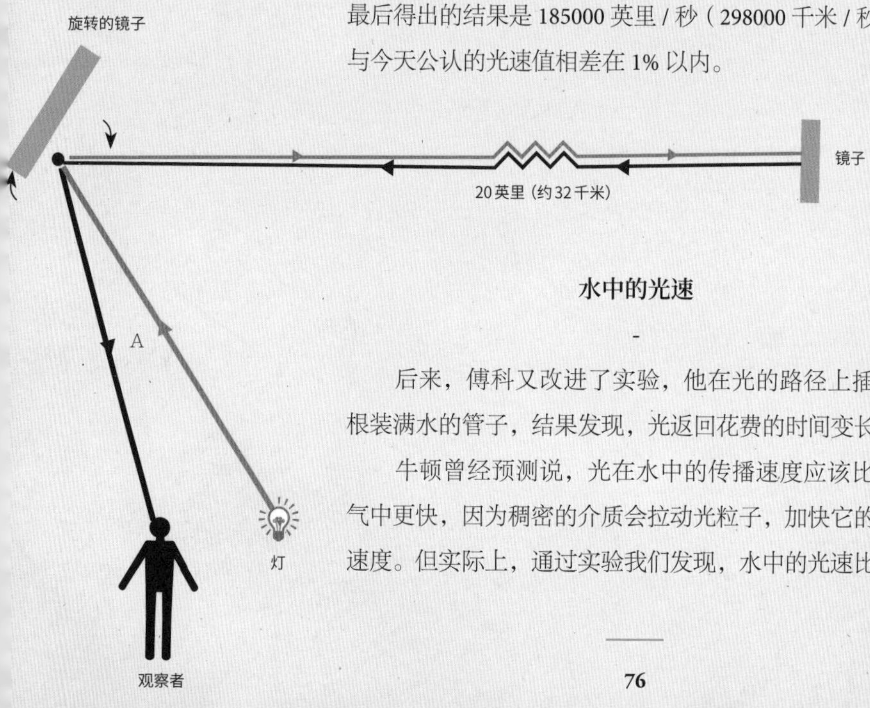

1850年的斐索和傅科实验

旋转的镜子

镜子

20英里（约32千米）

A

灯

观察者

水中的光速

后来，傅科又改进了实验，他在光的路径上插入一根装满水的管子，结果发现，光返回花费的时间变长了。

牛顿曾经预测说，光在水中的传播速度应该比在空气中更快，因为稠密的介质会拉动光粒子，加快它的移动速度。但实际上，通过实验我们发现，水中的光速比空气中的光速要慢 25% 左右——只有 140000 英里（约 225000 千米）/ 秒。人们说，这个观测结果"敲下了粒子说的最后一根棺材钉"——托马斯·杨的理论终于得到了证实。

标准长度

-

1864 年，斐索提出："我们应该利用光波的长度来确定标准的长度单位。"现在我们将真空光速定义为 299792458 米 / 秒，所以"米"被定义为光在真空中花费 1/299792458 秒经过的距离。实际上我们可以粗略地认为，光 1 毫微秒（十亿分之一秒）能传播 0.3 米，而声音传播 1 英尺需要花费大约 1 毫秒——比光慢了 100 万倍。

不过，光在水里的传播速度比在空气中慢得多，声音却恰恰相反。

傅科摆

-

1851 年 2 月 3 日，傅科首次通过直观的方式证明了地球的自转。他用一根很长的链子将一个重摆悬挂在巴黎天文台里，然后邀请本地的所有科学家前来观看。后来，傅科又把重摆挂到了巴黎先贤祠的房顶上。我们站在地球上观察，会发现振荡的单摆在不停地旋转，但实际上，它的振荡平面相对于恒星却是固定的。这意味着地球在不停地自转，所以我们才会看到单摆的振荡平面出现旋转，这种单摆也可以用来计时。傅科摆看起来非常奇妙，十分适合向公众展示，所以美国和欧洲的许多大城市都装有傅科摆。

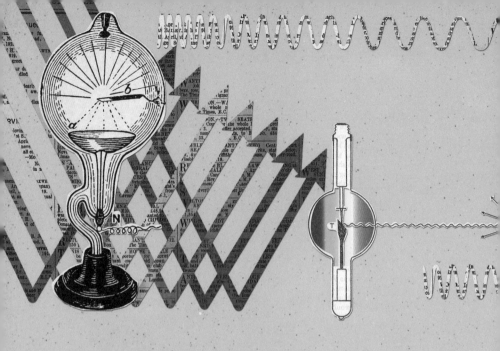

4. 光、射线和原子：1851—1914

　　物理学和技术常常密不可分。新理论会创造出新技术，而新的技术又为物理学家提供了新的实验途径和研究方法。17世纪，托里拆利发现的真空让人们发明了真空泵；利用真空泵，波义耳和其他科学家开始研究真空——或者说至少是极低气压——的性质。

　　1865年，赫尔曼·斯普伦格尔发明了水银泵，它的效果超越了以前所有的同类设备。利用水银泵，科学家得到了近乎完美的真空，于是威廉·克鲁克斯等人开始研究带电粒子在真空中的运动，最终他们发现了阴极射线、X

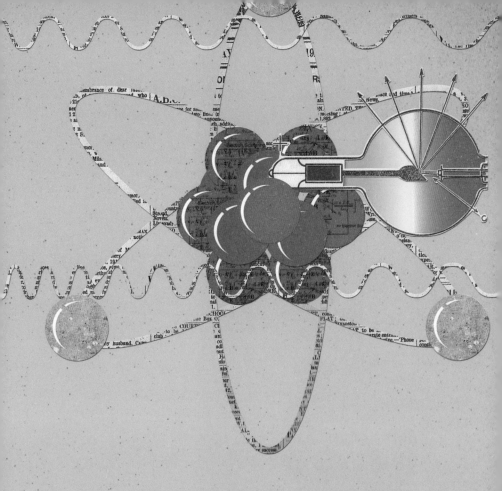

射线和电子。

　　X 射线的发现又点燃了放射性的火花，玛丽·居里在这个领域做出了杰出的贡献；在此基础之上，欧内斯特·卢瑟福开始研究各种放射性射线，并将它们分别命名为 α 射线、β 射线和 γ 射线。α 射线由沉重的粒子——氦的原子核——组成，卢瑟福用它轰击原子，探查原子的内部结构。β 射线和阴极射线实际上是电子，而 γ 射线是能量最强的电磁波。

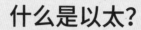

1887

研究人员:

阿尔伯特·A. 迈克尔逊

爱德华·W. 莫雷

研究领域:

宇宙学

结论:

"以太"并不存在

什么是以太？

地球与光以太的相对运动

海浪在水中传播，声波在空气（或者水）中传播，假如光也是一种波，那么它也应该有某种传播的介质。19世纪80年代以前，科学家一直这样认为，他们把这种介质称为"光以太"，也就是"光的传播介质"。

根据托里拆利和波义耳所做的实验，光可以在真空中传播，太空也无法阻隔光波，所以我们才能看见月亮、太阳和星星。因此，无论是在太空里还是在地球上的真空中，以太无所不在。可是，以太看不见也摸不着，它似乎也不会与行星和卫星产生任何摩擦。既然如此，以太真的存在吗？

地球在绕太阳的轨道上以大约67500英里/小时（约30千米/秒）的速度公转，与此同时，它也围绕地轴自转，那么以太可能相对于宇宙或太阳保持静止，也可能在太空中不停地运动，无论是哪种情况，以太相对于地球上任何一点的运动速度都一定非常快，于是迈克尔逊和莫雷决定设法测量"地球与光以太的相对运动"。

早期实验

-

1881年，迈克尔逊在德国柏林展开了早期的实验，可街道上的喧嚣直到凌晨 2 点依然没有平息，外界的振动严重干扰了测量，实验设备的灵敏度也有所不足。尽管如此，迈克尔逊仍证明了自己的思路完全可行，他还发明了干涉仪。后来，迈克尔逊和莫雷一起改进了这台仪器，1887 年，他们在如今美国俄亥俄州克利夫兰的凯斯西储大学合作完成了那个著名的实验。

干涉仪

-

一盏油灯的光被聚焦到一面镀了一半银的镜子（半透半反镜）上，于是一半的光直接穿过镜子，另一半则向左被反射 90 度。然后两束光分别被另一面镜子反射回来，回到半透半反镜时，两束光的行程都是 36 英尺（约 11 米）。随后，两束光同时射向一个望远镜，形成干涉条纹。

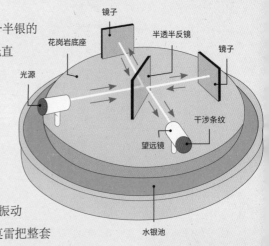

但偶尔经过的马车和雷雨产生的振动仍会影响实验精度，所以迈克尔逊和莫雷把整套装置安装在一块重达 3 吨的石头底座上。然后，他们把底座放进一个水银池里，只要轻轻一拨，石头底座就会带着整套装置缓缓旋转。无论以太向哪个方向运动，在干涉仪旋转的过程中，总有一个位置会让某束光与以太的运动方向平行，而另一束光则与以太的运动方向形成一定角度。这样一来，两束光到达望远镜的时间应该出现些微的差别，导致干涉条纹向侧面移动。

他们的设想是这样的：光束 A 和光束 B 的传播方向存在夹角。如果光束 B 平行于"以太风"的方向，那么光束 A 就必然会穿过以太风，此时它经过同样光程花费

迈克尔逊和莫雷的干涉仪

的时间应该比光束 B 更少。

这就像在河里游泳，在距离相同的情况下，穿过河流游个来回肯定比顺流而下再逆流而上花费的时间更少。事实上，如果河水的流速比你游泳的速度快，那你根本不可能逆流游回起点。

1887 年 7 月 8 日正午，两位研究者让整套装置稳定地旋转了 6 圈，每转动 1/16 圈（22.5°），他们就观察一次干涉条纹。同一天傍晚 6 点，他们重复做了一次实验。接下来的两天里，他们在同样的时间又做了几次相同的实验。

按照他们的预期，装置每转动一圈，应该有四个位置会出现条纹的偏移，其中两次应该偏向左边，另外两次则偏向右边，所以干涉条纹最终应该呈现"左—右—左—右"的运动规律。根据他们的计算，干涉条纹偏移量至少应该是仪器能测得的最小值的 20 倍。

世界上最著名的"失败"实验

-

事实上，在他们的实验中，干涉条纹完全没有出现任何偏移。迈克尔逊写信告诉瑞利男爵："我们完成了测量地球与以太相对运动的实验，结果表明，二者之间似乎完全不存在相对运动。"

这是否意味着地球表面的以太处于完全的静止状态？或许它会随着地球一起旋转，就像地面上的树和建筑物一样。两位研究者提出："也许在海拔较高的地方，比如说某座孤零零的山顶上，我们才能观察到以太与地球的相对运动。"

X 射线是怎样被发现的？

看见骨骼

1895

研究人员：

威廉·康拉德·伦琴

安东尼·亨利·贝克勒尔

研究领域：

电磁波谱和放射性

结论：

世界上有各种各样的电磁波；有的重原子不太稳定

19 世纪 90 年代，英德两国的科学实验室里时常可以听见噼噼啪啪的爆裂声——还有更多声音来自近乎真空的奇怪管子。17 世纪，科学家发明了真空泵，到 19 世纪，强大的真空泵已经能把玻璃管抽到近乎完美的真空，确切地说，管内气压大约只有标准大气压的百万分之一。

1838 年，迈克尔·法拉第就曾注意到，低压玻璃管内的两个电极（正极和负极）之间会产生奇怪的弧光。1857 年，海因里希·盖斯勒用更好的泵进一步降低了管内气压，这一次，电极产生的闪光几乎充满了整个管子，看起来很像是现代的霓虹灯。1876 年，欧根·戈尔德斯坦发现，如果在真空管里放置一件固体物品，射线会在管子另一头投下它的影子。戈尔德斯坦将这种射线命名为"阴极射线"。后来，威廉·克鲁克斯用更高效的泵制造出了类似的闪光，不过他也注意到，阴极前方有一片奇怪的暗区——现在我们称之为"克鲁克斯暗区"。如果继续抽出管内的空气，暗区会从阴极弥漫到阳极，然后阳极背后的玻璃板开始闪烁。克鲁克斯认为，穿过玻璃管的阴极射线以某种方式穿透了阳极，直接撞击到玻璃板上，所以玻璃才会发光。

1895 年 11 月 8 日星期五，维尔茨堡大学的物理教授威廉·伦琴打算用菲利普·莱纳德发明的一种管子做几个实验。莱纳德在真空管上开了一个小

窗，然后在上面盖了一片铝箔，好让一部分阴极射线穿透到管外。出于某种原因，伦琴在铝箔窗附近放了一块涂有荧光材料（氰亚铂酸钡）的纸板，结果他发现，纸板发出了明亮的辉光，虽然周围显然没有任何光源。

然后，伦琴在完全黑暗的屋子里换了另一种管子继续做实验，他注意到房间对面某处发出了幽幽的荧光。伦琴点亮蜡烛，发现发光的还是那块荧光板，他原本打算下一步再把荧光板放到真空管旁边，没想到它隔着这么远的距离居然也能发光。

我知道了！

-

激动万分的伦琴在实验室里待了整整一个周末，他反复做了无数次实验，最后终于确认，荧光真实存在，不是他自己想象出来的。伦琴不知道奇怪的荧光来自哪里，但它肯定与真空管内的射线有关，于是伦琴将这种射线命名为"X射线"（X的意思是"未知"），不过在很长一段时间里，人们一直叫它"伦琴射线"。

两周以后，伦琴拍下了第一张X射线照片——照片上是他的妻子安娜·柏莎的手。看到照片的时候，柏莎惊呼："我看见了自己的死亡。"那一年年底，伦琴将自己的实验结果写成了一篇论文——《论一种新射线》；1901年，这个发现为他赢得了有史以来的第一个诺贝尔物理学奖。伦琴没有为X射线申请专利，因为他希望每个人都能从中受益。

启迪

-

伦琴的论文问世还不到一个月，法国物理学家亨利·贝克勒尔就受到了他的启发，开始研究磷光材料硫酸钾铀的性质。荧光材料在接受光照时会发出辉光，但外界光线消失后，它的荧光也会随之消失，磷光材料则会吸收光线，哪怕切断外界的光源，它也会在黑暗中继续发光。贝克勒尔认为，这种磷光材料可能也会释放 X 射线，或者其他某种类似的东西。

他用两片很厚的黑纸把一张感光底片裹了起来：

> 黑纸包裹的底片哪怕放在太阳下暴晒一整天也不会显影。接下来我在黑纸外面放了一张纸，将一片磷光材料放在上面，然后把它们放在太阳下晒了几个小时，结果，冲洗后的底片上出现了磷光材料留下的阴影。随后我又做了两次实验，一次我在磷光材料下面垫了一张钞票，第二次则把钞票换成剪了一个洞的金属片，最后得到的结果还是一样……通过以上实验，我得出结论：这种磷光材料能够释放出某种射线，这种射线可以穿过不透光的黑纸，导致银盐底片感光显影。

放射性

-

不过后来贝克勒尔又发现，这种材料就算不经过太阳的暴晒，也一样能让底片感光。"于是我自然而然地想到，这种磷光材料应该会释放出一种看不见的射线，它的效果与莱纳德先生和伦琴先生研究的射线十分相似。"

1896 年 5 月，这位科学家终于确认，神秘的新射线实际上来自磷光材料中的铀。贝克勒尔就这样出乎意料地发现了放射性。

1897

研究人员：

约瑟夫·约翰·汤姆森

研究领域：

原子物理

结论：

初探原子结构

原子里面有什么？

发现电子

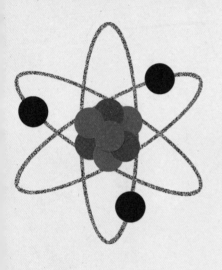

19世纪90年代，物理学领域涌现出了大量重要发现，每一个新的实验和发现都会迅速引来诸多追随者。科学家如饥似渴地盯着同行的进度，同时也不吝于分享自己的思路。在那个时代，电灯才开始普及，汽车刚刚出现，但原子物理已经欣欣向荣。

1897年，在英国剑桥的卡文迪许实验室里，来自曼彻斯特的物理学家约瑟夫·约翰·汤姆森发现，原子很可能是由更小的粒子组成的。不过当时他认为，最小的亚原子粒子可能也有氢原子那么大，氢是最轻的一种元素（也是宇宙中含量最丰富的元素）。

早在1890年，阿瑟·舒斯特就曾提出，阴极射线带有负电荷，所以它在磁场和电场中会发生偏转。舒斯特推测，阴极射线的荷质比可能超过1000，但谁也不相信他的话。

阴极射线

-

汤姆森也在利用真空管研究阴极射线，他注意到阴极射线能在空气中传播很长一段距离，如果组成射线的粒子体积和氢原子差不多，那么它根本不可能跑这么远。因为这么大的粒子必然会和空气中的氮分子和氧分子发生碰撞，但阴极射线似乎能从空气分子的缝隙中穿过去。

阴极释放的射线会向四面八方传播，不过汤姆森设法将它们聚成了一束，以便详细研究。汤姆森猜测，阴极射线束一定是由粒子组成的，因为它与热电偶碰撞时会产生热量。为了完成定量测量，汤姆森设计了一种管子：阴极释放出的射线穿过阳极进入一个钟形罩，罩子里放了一块画好网格的屏幕，阴极射线会在屏幕正中间生成一个明亮的光斑。

偏转射线

　　正常情况下，阴极射线沿直线传播，不过和舒斯特一样，汤姆森也同样发现，磁铁和强电场都会让阴极射线发生偏转，这说明射线束一定带有负电荷。根据阴极射线的偏转量，可以算出射线束的荷质比和射线中粒子的质量。

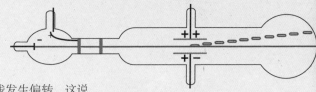

阴极射线在电场中发生偏转

　　计算的结果令人震惊：阴极射线的荷质比是氢离子（H^+）的 1000 倍以上，这意味着组成射线的粒子质量还不到氢原子的千分之一（或者它携带的电荷极高）。此外，无论阴极射线来自哪种源（例如原子），射线中的粒子质量似乎都完全相同。汤姆森总结道：

　　"由于阴极射线在静电场和磁场中的运动轨迹和带负电荷的粒子一模一样，于是我只能得出唯一可能的结论：该射线由带负电荷的物质粒子组成。"

　　汤姆森把这些粒子称为"微粒"，不过人们很快就将它命名为"电子"。汤姆森认为，所有原子中都含有电子。1904 年，他提出了原子的"梅子布丁模型"：原子是带正电荷的球体，小小的电子像梅子一样嵌在原子里，它们可能还会绕原子中心快速转动。

选错了专业？

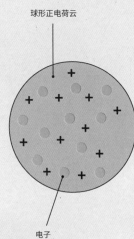

球形正电荷云

电子

梅子布丁模型

汤姆森的父亲希望他成为一名工程师，但家里没有筹到足够的钱送他去当学徒，所以汤姆森去剑桥学了科学，最后成了一名物理学家。28 岁时，汤姆森被任命为实验物理卡文迪许教授，即卡文迪许物理实验室主任，不少人对此不以为然。第一，他比其他候选者年轻很多；第二，他在实验物理领域没什么建树，甚至还有点笨手笨脚。汤姆森的一位助手曾经写道："J.J.（汤姆森）对自己的动手能力没什么自信，我觉得有必要鼓励他亲自操作设备！不过他很擅长阐述自己的思路，而且总能找到正确的方向。"

尽管汤姆森动手能力不强，但他却善于设计实验装置，同时也是个很好的老师。1906 年，汤姆森获得了诺贝尔奖，这是卡文迪许实验室第二次获得这一殊荣。这个实验室前后出过 29 位杰出的诺贝尔奖得主，这实在是个了不起的成就。

汤姆森还和自己的学生弗朗西斯·威廉·阿斯顿一起研究过正离子（失去一个电子的原子）。1912 年，这对师生成功地分离了不同的离子，因为它们的质量各不相同。他们的早期发现之一是，稀有气体氖拥有两种同位素——也就是现在我们所说的氖 -20 和氖 -22。这两种原子的质子数完全相同，但中子数却不一样。汤姆森和阿斯顿设计的仪器后来逐步演化为质谱仪，它是化学家手中最强大有用的工具。

镭是怎样被发现的?

放射性研究的先驱

1898

研究人员:

玛丽·斯克沃多夫斯卡·居里

皮埃尔·居里

研究领域:

放射性

结论:

镭的发现开辟了放射性研究的新天地

　　玛丽·居里也许是有史以来最伟大的女性科学家。她的童年充满坎坷。19世纪的波兰不是民族主义者的乐土，在俄国人的统治下，玛丽一家的生活充满艰辛。不仅如此，俄国统治者还撤销了波兰学校里的实验教学课程。幸运的是，玛丽的父亲是一位物理教师，他把大部分实验设备都搬回了家里，所以他最小的女儿（他一共生了五个孩子）玛丽·萨洛美娅·斯克沃多夫斯卡才不至于完全得不到教育。

　　后来，玛丽设法去了巴黎大学继续学习，在那里，她遇到了皮埃尔·居里。皮埃尔当时是一名物理学和化学讲师，他在自己的实验室里为玛丽留出了一块研究天地。

铀射线

-

　　1895年末，科学家发现了X射线和放射性，玛丽（这是她的法语名）决定深入研究神秘的"铀射线"。

　　幸运的是，皮埃尔和他的兄弟发明了一种可以测量电荷的灵敏设备——静电计。玛丽发现铀射线能让周围的空气导电，所以她可以利用静电计来探测这种射线。

　　刚开始，玛丽研究了各种各样的铀盐，最终发现，射线的强度只跟铀的数量有关。于是她猜测铀射线并非出于分子的相互作用，而是来自铀原子本身的某种特性。

　　沥青铀矿是一种常见的含铀矿石。玛丽发现，这种矿石产生的射线是金属铀的四倍，所以她推测，沥青铀矿中一定含有某种活性远大于铀的物质。于是她开始寻找其他放射性材料。1898 年，玛丽发现钍也会释放射线。

新元素

-

皮埃尔逐渐迷上了玛丽的实验，最后他决定加入她的行列。不过毫无疑问，在两人的合作中，玛丽始终占据着主导地位。

1898 年 4 月 14 日，居里夫妇研磨并溶解了 3.5 盎司（约 99 克）沥青铀矿，希望找到那种新的高放射性材料。事实证明，他们当时太理想化了。1902 年，他们研磨的矿石增加到了 1 吨。经过好几个月的艰苦工作，居里夫妇终于分离出了 0.004 盎司（约 0.113 克）氯化镭。

居里夫妇用硫酸溶解沥青铀矿来提取铀，实验中，他们发现，提取后的铀矿残渣依然具有放射性。由此他们设法分离出了一种类似铋的新元素——它在元素周期表中位于铋的后面，它的化合物性质也和铋的化合物十分相似。这是一种前所未见的新元素，为了纪念自己的祖国，玛丽将它命名为"钋"（"钋"全名 Poliuonm，来自"波兰"的 Po）。1898 年 7 月，居里夫妇对外公布了这一发现。

抓住狡猾的镭

-

然后他们试着进一步分离剩余的残渣，于是又发现了另一种高放射性物质。它的性质和钡十分相似，而且它的化合物和钡的化合物混合在一起，很难分开，但钡燃烧时会产生明亮的绿色火焰，光谱中也有绿线，而这种新物质却会释放出神秘的红线，它一定是另一种新元素。

分离新元素和钡是一件非常困难的工作，玛丽和皮埃尔只能将它们转化为氯化盐，然后让它们慢慢结晶。新物质的氯化盐溶解度比氯化钡低一点点，所以它结晶的速度也比氯化钡要快一点点。居里夫人必须用静电测试搜集到的每一份样品，检验它是否具有放射性。也就是在这个过程中，他们创造了"放射性"这个词语。

1898 年 12 月 21 日，居里夫妇基本确定，这的确是一种新的元素。新元素的放射性极强，所以居里夫妇将它命名为"镭"。12 月 26 日，他们向法国科学院报告了这一发现，虽然这时候他们尚未分离出纯净的镭。直到 12 年后，玛丽才终于分离出了纯净的镭。几年后，镭的化合物在欧内斯特·卢瑟福的研究中发挥了关键作用；今天，全世界的镭化合物年产量只有大约 3.5 盎司（约 100 克）。

全世界的认可

-

截至 1902 年，玛丽和皮埃尔一共发表了 32 篇科学论文。1903 年，玛丽在获得博士学位后前往英国伦敦访问皇家研究所，但这个机构却不允许女性发表演讲，所以皮埃尔被迫上台替她发表演说，听众提问的时候，他就低头转问玛丽，玛丽回答以后，他又大声转告听众。

那年 11 月，玛丽、皮埃尔和亨利·贝克勒尔共同获得了诺贝尔物理学奖——她是第一位获此殊荣的女性。最初诺贝尔委员会只打算表彰皮埃尔和贝克勒尔，但皮埃尔发现以后立即据理力争，于是委员会终于把玛丽的名字加进了名单。

1899

研究人员：

尼古拉·特斯拉

研究领域：

电学

结论：

电能可以通过无线的方式传播

能量能在空间中传播吗？

无线传输能量

　　塞尔维亚裔科学家尼古拉·特斯拉出生在今天的克罗地亚境内，在学校里的时候，他就是个数学神童。为了逃离时常出现在脑子里的幻象，特斯拉离开了自己的家，前往奥地利工艺大学。他在学校里非常刻苦，然而不幸的是，年轻的特斯拉很快染上了赌瘾，连续有好几次考试不及格，于是他再次逃离学校，同时也和家人断绝了所有联系。特斯拉高大英俊，瘦得惊人，他或许就是人们印象中"疯狂科学家"的原型。

　　1884 年 6 月，特斯拉前去纽约加入了托马斯·爱迪生麾下。不过第二年，因为爱迪生不肯兑现曾经答应过的奖金，特斯拉愤而辞职离开了爱迪生的公司。然后特斯拉设法说服了几位商人资助自己的研究，如果他的发明专利能有收益，投资人也将得到一部分利润。1888 年，特斯

拉与乔治·威斯汀豪斯签订了一份回报丰厚的合同。

1891 年，特斯拉完成了他最著名的发明——特斯拉线圈。特斯拉线圈实际上是一种共振变压电路，可以产生超高压交变电流，直到今天，人们偶尔还会使用它。

无线输电

-

在 1893 年的芝加哥世界博览会上，威斯汀豪斯展出了"特斯拉多相系统"，一位参观者写道："房间里悬挂着两个裹了一层锡箔的硬橡胶板，两块板子大约相距 15 英尺（约 4.6 米），导线把它们和变压器连接在一起。通电的一瞬间，两块板子之间的桌子上放的几个灯泡和房间里各处的灯泡都亮了起来，令人惊讶的是，这些灯泡与那两块板子之间没有任何电线。"

换句话说，特斯拉实现了无线输电。

1899 年，特斯拉在科罗拉多的斯普林斯建立了实验室，因为他的多相交流系统就安装在这里，而且当地的朋友能为他免费无限量供电。在某次早期实验中，特斯拉制造出了一道长达 5 英寸（约 12.7 厘米）的电火花，这意味着当时电路中的电压大约高达 50 万伏特。

他刚开始用的是一组特斯拉线圈，在实验过程中，特斯拉不断增加电路中的电压，最终的电压高达 400 万到

500万伏特。巨大的电火花仿佛人造的闪电，响亮的轰鸣声传到了15英里（约24千米）外。街上的行人发现自己脚底有火花跳跃，金属马蹄铁上传来的电流惊得驯服的马儿左冲右撞，屋里的电灯突然自顾自地亮了起来。特斯拉的实验甚至导致了一座发电站短路，造成当地大规模的电力中断。

特斯拉希望制造出"放大发射器"，实现无线电力传输，不过他对外谎称自己是在研究如何传输无线电信号。他曾经写道："我对自己的所有发明都很有信心，我坚信，放大发射器必将福泽子孙后代。"

沃登克里弗塔

-

1900年，在约翰·皮尔庞特·摩根的资助下，特斯拉在长岛肖勒姆的沃登克里弗开始修建一座187英尺（约57米）高的铁塔，希望借助它实现跨越大西洋的无线电广播和电能传输。然而在高塔修建完工时，特斯拉已经没钱了，而摩根在1901年的股灾中损失惨重，他拒绝提供进一步的资助，于是特斯拉的计划胎死腹中。

特斯拉线圈是这位工程师最广为人知的发明，不过除此以外，他还申请了其他数十项专利，并发明了各种各样的电力设备，其中包括"利用电能对学生进行潜意识浸润教育，让笨孩子变得聪明起来"的项目。

现在，无线输电技术已经在某些领域投入了实际应用，人们主要用它来给各种设备充电：小到电动牙刷、剃须刀、心脏起搏器和智能卡，大到公共汽车和火车之类的电动交通工具，甚至包括磁悬浮列车。科学家和工程师正在继续研制无线充电的手机、平板电脑和笔记本电脑。不过，特斯拉的梦想依然没有完全实现——至少是在目前。

光速是恒定的吗？

E=mc²: 狭义相对论

1905

研究人员：

阿尔伯特·爱因斯坦

研究领域：

力学

结论：

与牛顿力学相比，狭义相对论能够更好地描述亚光速物体的运动

如果能够乘着一束光旅行，你会看见什么景色？

1879 年 3 月 14 日，阿尔伯特·爱因斯坦出生在德国乌尔姆市。1894 年，他随父母移居到了意大利，不过在 1895 年和 1896 年，爱因斯坦去了瑞士的阿劳市上学，他发现这里的教育方式比自己以前在德国上的学校先进轻松得多。很久以后，爱因斯坦在自传中写道："学校里洋溢着自由的气氛，老师们诚挚认真，兢兢业业，这给我留下了难以磨灭的印象。"也就是在这段时间，年轻的爱因斯坦开始思考相对论。

狭义相对论悖论

-

爱因斯坦在自传中提到了一个思维实验：

"……这个悖论早在 16 岁时就出现在我的脑海里：如果我以 c（真空光速）的速度追逐一束光，那么在我眼里，这束光应该是一个静止的电磁场，虽然它仍在空间中振荡。但是，无论是依据现有实验还是根据麦克斯韦方程组进行推算，这样的场景似乎都不可能存在。于是我直觉地想到，无论观察者是以光速旅行还是相对于地球静止，他观察到的现象都应该遵循同样的法则。既然如此，那么前一个观察者

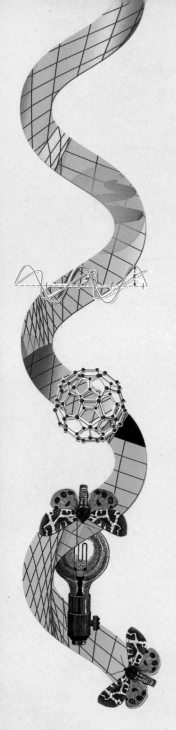

如何确定自己真的处于高速运动的状态下呢？狭义相对论就是在这个悖论中萌芽的。"

这是一个悖论。如果爱因斯坦能看见静止的光，那么他就应该知道自己正在（以光速）运动——但这违背了伽利略的相对性原理。

1632年，伽利略在《关于两大世界体系的对话》中提出，如果一位观察者坐在一条船甲板下面没有窗户的船舱里，海面上平静无波，那么他根本无从判断船是否在移动。当然，如果船加速或者转弯，观察者可以通过自己受到的力做出判断，但在感觉不到力的时候，他无法确定船是在匀速直线运动，还是相对于水面保持静止。

爱因斯坦或许听说过迈克尔逊和莫雷的实验，他们证明了光速不受以太的影响。无论如何，爱因斯坦开始相信，光速是恒定不变的，它永远都是186291英里/秒，或者说299792458米/秒，即光速c。

这个结论是反直觉的。投掷类项目的运动员通常需要助跑，无论他投掷的是棒球、标枪，还是橄榄球，因为助跑会加快物体在空中飞行的速度。但光却不一样，光源的运动速度不会影响光速。手电筒射出的光以c的速度传播，无论这个手电筒是稳稳地握在你的手中，还是在火箭上高速运动。

在1905年发表的狭义相对论论文中，爱因斯坦还提出了另一个假设：同样的物理定律适用于所有的惯性系（任何做匀速直线运动的载体或空间）。

宇宙中根本不存在绝对静止的地方，所以也没有绝对静止的以太可供光束穿梭其间。万事万物都在相对于其他物体不断地运动。你或许觉得自己待在原地没动，可是相对于火星来说，你正在空间中高速旋转。

那又怎样？

根据这些设想推出的结论具有深远的意义。第一，不同惯性系下钟表的时间并不相同。如果我看见你以极快的速度呼啸而过，那么从我的角度观察，你的钟应该走得比我的慢得多。

另外，某些事件在某位观察者眼中是同时发生的，但若是换了另一个惯性系下的另一位观察者来看，情况可能完全不同。

1905年被称为爱因斯坦的"奇迹年"，除了这篇论文以外，那一年他还发表了其他三篇论文：其中一篇探讨光电效应，这为他赢得了诺贝尔奖；另一篇研究液体分子的布朗运动；还有一篇讨论了质量和能量的关系，这是狭义相对论的直接衍生品，正是这篇论文为后来闻名世界的质能方程（$E=mc^2$）奠定了根基。

1908年，爱因斯坦曾经的老师赫尔曼·闵可夫斯基重新阐述了狭义相对论，除了描述空间以外，他又加入了时间这一维度。起初爱因斯坦并不相信闵可夫斯基的四维时空理论，但是后来，他不但接受了这套理论，还以此为基础发展出了广义相对论。

爱因斯坦在1905年提出的理论被称为"狭义相对论"，因为在这套理论中，观察者必须处于惯性系下。如果牵涉到加速和引力，那就得用到广义相对论了。

1908—1913

研究人员：

欧内斯特·卢瑟福

汉斯·盖革

欧内斯特·马士登

研究领域：

原子物理

结论：

原子内大部分空间空
无一物，中央是致密
的原子核

世界为何大部分是空的？

炮弹和面巾纸

"核物理之父"欧内斯特·卢瑟福是一位新西兰的农民之子，曾从师于约瑟夫·约翰·汤姆森。基于在加拿大麦吉尔大学所做的放射性衰变研究，他获得了 1908 年的诺贝尔奖。卢瑟福发现，放射性元素会释放三种"射线"，他将这些射线分别命名为 α 射线、β 射线和 γ 射线。移居英国曼彻斯特以后，卢瑟福通过实验证明了 α 射线实际上是一种与氦原子核一模一样的粒子（现在我们知道，这种粒子由 2 个质子和 2 个中子组成，带有 2 个正电荷）。

原子结构

-

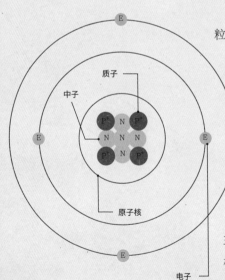

汤姆森曾经证明，电子是携带负电荷的微型粒子，他还推测说，原子的其余部分应该是一个带正电荷的球体，电子就嵌在这个球里——"梅子布丁模型"。

卢瑟福决定利用 α 射线轰击其他原子，探查原子的内部结构。他邀请了来访的德国科学家汉斯·盖革和盖革的学生欧内斯特·马士登一起来做这个艰苦的实验。

为了测量镭放射源释放的 α 粒子数量，卢瑟福和盖革制造了一个探测器，它的主体是一根充有空气的玻璃管，管内有一对电极。每个 α 粒子都会电离部分空气，产生一个

质子

中子

P⁺ N P⁺

N N N

P⁺ N P⁺

原子核

E

E

E

E

电子

电脉冲。这套简单的设备后来发展成了著名的盖革计数器。

α 粒子在空气中散射的程度令卢瑟福深感惊讶，于是他建议盖革和马士登用 α 粒子轰击其他材料，观察散射的情况。他们决定用金箔来做实验，因为这是一种单元素材料，而且非常薄。

首先，他们制作了一根 6 英尺（约 2 米）长的玻璃管，并在管子一端放置了一份镭的样品，它会释放出 α 粒子。管子中央有一条宽 0.04 英寸（约 1 毫米）的狭缝，只能允许极细的一束粒子通过。玻璃管另一端是一块荧光屏，如果遭到 α 粒子的轰击，它就会发光；几位科学家采用显微镜来记录闪烁的次数和闪烁点的分布范围。

金的散射

-

抽空玻璃管内的所有空气以后，α 粒子轰击产生的闪烁在屏幕上形成了一块狭窄清晰的光斑，但一旦充入空气，闪烁点分布的范围就会扩大很多，感觉就像对着一块聚乙烯板按亮了手电筒。如果抽光玻璃管内的空气，在狭缝另一侧放一片金箔，也会发生同样的事情。所以，空气分子和金原子都会让 α 粒子发生散射。

根据卢瑟福的计算，如果金原子是弥散式的正电荷球体，那么 α 粒子的方向只会出现极小的偏转，而且大部分粒子会直接从中穿过。所以实验中 α 粒子散射的程度才会让他大吃一惊，因此他提出，应该进一步寻找是否有粒子发生了大角度偏转。

大角度?

-

盖革和马士登设计了新的实验设备，他们在荧光屏前加装了一块铅板（它可以阻挡任何粒子），并调整了金箔的角度，让 α 粒子以大约 45° 的方向轰击金箔，结果两位科学家发现，粒子束有可能以近乎同样的角度被反射回来——就像你利用镜子观察墙对面的情况一样。而且他们还发现，金的散射作用比铝更强，后者的密度远小于金。

后来他们又做了一系列类似的实验，并根据实验结果推测，粒子的散射程度会受到几个因素的影响：（a）材料越厚、（b）原子越重、（c）粒子运动速度越慢，粒子束的散射就越明显，不过只有极少部分的粒子会发生超过 90 度的偏转。

这个结果让卢瑟福大感震惊，虽然他才是实验的提议者。在剑桥大学的一次演讲中，卢瑟福表示，这就像是你对着一张面巾纸射出一枚 15 英寸（约 38 厘米）的炮弹，结果炮弹居然被反弹回来打中了你。

> "经过深思熟虑，我意识到，这种反弹散射一定是单次碰撞的结果；在计算过程中我发现，发生大角度偏转的粒子数量如此稀少，唯一的解释是，原子的大部分质量都集中在一个很小的原子核内。于是我想到，原子应该有一个微小致密的原子核，它携带正电。"

问题的关键在于，如果正电荷是均匀分布的，那么 α 粒子就不应该发生明显的散射，但是，如果携带正电荷的是一个很小的核，那么大部分粒子根本不会和它发生接触，只有一小部分粒子会迎面撞上它，就像棒球撞到球棒上一样。

所以卢瑟福推测，原子内部大部分空间是空的，中间是携带正电的极小的原子核，电子围绕原子核不断高速旋转。

1911

研究人员：

海克·卡末林·昂内斯

研究领域：

电学

结论：

某些金属在极低的温度下会变成超导体

金属在绝对零度下会表现出什么特性？

超导和低温之间的关系

　　温度降到接近绝对零度时，就会发生一些奇怪的事情。罗伯特·波义耳曾经探讨过我们有可能达到的最低温度是多少，后来研究者发现，一定质量的气体在冷却过程中体积会稳步下降，由此计算可知，在温度下降到大约 -455 ℉（约 -270℃）时，气体的体积会减少到 0。

　　焦耳提出热功当量方程以后，开尔文男爵根据热力学原理计算得出，绝对零度应该是 -459.67 ℉（-273.15℃）。现在，绝对温度可以用开尔文温标（K）或兰金温标（R）表示，绝对零度是 0K（0R），冰的熔点是 273.15K（491.67R）。

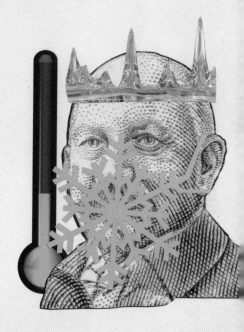

低温学

-

　　1882 年，荷兰物理学家卡末林·昂内斯成了荷兰莱顿大学的实验物理教授。1904 年，他建立了一个大型低温实验室来研究低温物理。1908 年 7 月 10 日，昂内斯在 4.2K 的低温下液化了氦气，抽去容器中残存的蒸气后，他成功得到了 1.5K 的超低温，创造

了当时的世界纪录。

开尔文男爵认为，在如此低的温度下，金属的电阻会大幅上升，从而阻断电流。但昂内斯却不同意他的看法。1911 年 4 月 11 日，昂内斯将一根固体水银导线浸入 4.2K 的液氦中，发现水银的电阻竟然降到了零。他兴高采烈地在笔记本（他的笔记直到一百年后才被破译出来）上写道：

> "水银进入了一种新的状态，这种非凡的导电特性或许可以称之为'超导状态'。"

昂内斯的重大突破引爆了其后数十年的低温研究，科学家也得出了诸多具有实用价值的研究成果。比如说，大型强子对撞机就使用了 96 吨的氦来让 1600 块超导磁铁保持 1.9K 的低温。

达到绝对零度是个不可能完成的任务，但是在 1999 年，科学家成功地将一片金属铑冷却到了 0.0000000001K，这已经相当接近绝对零度了。

液氦被冷却到 2.17K 以下时会变成超流体，这意味着如果你把它装在一个杯子或烧杯里，会有一层薄薄的液氦膜沿着杯壁向上"攀爬"，越过杯沿，最终所有液氦都会从杯子里"逃走"。这种现象被称为"昂内斯效应"。

1911

研究人员:

查尔斯·汤姆森·里斯·威尔逊

研究领域:

气象学和粒子物理

结论:

云室的发明带来了出乎意料的物理发现

把头探进云里就能获得诺贝尔奖?

云室和它带来的科学发现

　　威尔逊在山顶上看到的景象带来了粒子物理学的重大突破。作为一位苏格兰的农民之子，C.T.R. 威尔逊本来打算学医，可是在剑桥上学的时候他迷上了物理，特别是气象学。

　　1883 年，利用公开募集的资金，苏格兰气象学会在苏格兰威廉堡的不列颠最高峰、海拔 4409 英尺（约 1344 米）的本尼维斯山上修建了一座气象站。这里的气象员每小时都会记录降雨、风速、气温等数据，天气恶劣时，他们常常需要冒着生命危险完成工作。悲伤的是，政府拒绝提供资金来维护气象站，1904 年，气象站被迫关闭。

气象站运营期间，他们有时候会在夏天雇用年轻的物理学家来工作几个星期，好让长期雇员有机会休个假。1894年9月，暑期工威尔逊高兴地来到了这里。

一天清晨，威尔逊站在山顶的制高点附近，脚下不远处就是一道陡峭的悬崖。当时他面朝西边，太阳在身后升起的时候，他看见自己的影子投射在脚下的云海上。然后突然之间，威尔逊看到了一道光晕，或者说一圈"佛光"——影子的头部周围绕着一道漂亮的彩虹。

眼前的奇景令威尔逊兴奋不已，他决定深入探查云的特性。不幸的是，作为学生，他很快就得回剑桥去，那里地势平坦，云也平淡无奇，所以威尔逊决定设计一个云室——他打算在烧瓶里制造人工云。

瓶子里的云

-

经过一系列失败的尝试，威尔逊成功做出了一套人工制云设备。他在一个玻璃大烧瓶里装满潮湿的空气，然后迅速降低瓶内气压，于是空气中的水蒸气很快达到了过饱和，瓶内开始形成少量水滴，水滴的核心可能是空气中的尘埃。但威尔逊失望地发现，这套设备根本无法制造出他感兴趣的那种云，不过他很好奇，电离的空气分子是否会在瓶中形成云迹。

1895年末，伦琴发现了X射线；1896年初，威尔逊试着将X射线引入云室，结果烧瓶内立即出现了大量浓雾。多年以后，他写道："我还清晰地记得自己当时的喜悦。"

显然，X射线电离（剥夺部分分子的电子，留下带正电的离子）了部分空气，这些离子为水蒸气提供了凝结核。

接下来的几年里，威尔逊又做了一些研究。从 1900 年到 1910 年，他一直忙于教学工作。不过在 1910 年，威尔逊又写道："关于 α 射线和 β 射线的想法正在变得越来越清晰，我开始考虑这样的可能性，是否可以利用这些粒子电离空气凝结水汽形成的云迹来拍摄记录粒子的轨迹……"

1911 年初，威尔逊重新开始琢磨云室，他发现，带电粒子的确会在烧瓶中留下云迹，就像飞机在空中留下尾迹一样。人类第一次用肉眼看到了粒子的运动轨迹。很快威尔逊就成功拍摄了单个原子和 α 粒子的运动轨迹。他说，电子会形成"一束束纤细的云丝"。

最惊人的发现

1923 年，威尔逊终于完善了云室的设计，并成功拍摄了两张漂亮的电子轨迹照片。这引发了全世界的兴趣，很快云室就进入了巴黎、列宁格勒、柏林和东京的实验室。云室让科学家发现了正电子，也让人们直观地看到了电子和正电子的湮灭现象，以及原子核的裂变和聚变。除此以外，云室也是科学家研究宇宙射线的重要工具。卢瑟福表示，云室是"科学史上最新颖、最精彩的设备"。

1927 年，C.T.R. 威尔逊获得了诺贝尔物理学奖，为了表彰他找到了"通过水蒸气的凝结来显示带电粒子运动轨迹的方法"——虽然他发明这种设备完全是出于另一个风马牛不相及的原因。威尔逊自己曾经写道："毫无疑问，1894 年 9 月我在本尼维斯山待的那两个星期中观察到的现象引领了我毕生的科研工作"。

1913

研究人员：

罗伯特·安德鲁斯·密立根

哈维·弗莱彻

研究领域：

粒子物理

结论：

电子携带的电量是
1.592×10^{-19} 库仑

如何测量粒子携带的电荷？

测量电子

1897 年，约瑟夫·约翰·汤姆森发现了电子，并测量了电子的荷质比，但当时谁也不知道电子的确切质量和电量，所以，如果能够测量电子携带的电量，我们就能算出它的质量。

1910 年，罗伯特·密立根成了芝加哥大学的教授，不过在此之前，他已经开始了自己的油滴实验。在研究生哈维·弗莱彻的帮助下，密立根设计制造了这套实验装置，它的原理其实非常简单。

测量微量电

利用香水喷雾器，科学家将细小的油滴喷入观察室上方的容器里，然后通过显微镜观察油滴在空气中坠落的速度。

然后他们向容器内射入一束 X 射线，这种射线会电离容器内的部分空气，剥夺部分空气分子的电子，让它变成带正电的离子。如果离子化的分子与油滴发生碰撞，那么正电荷会被转移到油滴上。这不会影响油滴受到的地球引力，不过下一步，科学家会给容器施加一个电场。

观察室上下方各有一块金属板，最高可施加 5300V

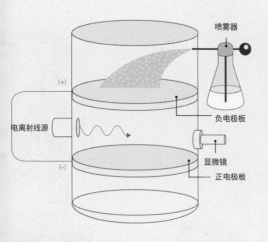

喷雾器

(+)

负电极板

电离射线源

显微镜

(-)

正电极板

**测量单个电子
的电量**

的电压，下方的金属板是正电极，上方则是负电极。电场会对油滴施加一个与重力方向相反的力，推动它向上远离正电极板，靠近负电极板。研究者可以观察油滴是继续坠落、保持静止，还是向上运动，并测量它的运动速度。

研究者并不知道每一滴油携带了多少电荷，但他们推测电荷应该存在一个基本单位，因此每一滴油携带的电量都应该是这个基本单位的倍数——可能是2倍、4倍或5倍。

他们知道空气的黏度、每次试验时的气温以及黏度对极小液滴的不同影响。因此，根据油滴下降的速率，可以算出每一滴油的有效重量。

然后，研究者接通电路，小心地调整电压，使液滴悬浮在空中。这项工作进展缓慢，难度极大。实验中，他们一共研究了 58 滴油，有时候单单一个油滴就需要观察 5 个小时。油滴保持悬浮状态时，它受到的重力正好等于电场力，而电场力可以通过此时的电压计算得出。知道了油滴的重量，就能算出它携带的电量。

然后研究者升高电压，看着油滴"向上坠落"。根据油滴的运动速率，可以再次验算它的电量。

综合多次实验的计算结果，他们最终得出结论：电荷的基本单位一定是 1.592×10^{-19}C——我们今天公认的数值是 1.602×10^{-19}C，密立根和弗莱彻的结果与这个值的误差小于百分之一。之所以会出现这样的误差，很可能是因为他们采用的空气黏滞系数有所偏差。

发现

-

这个结果非常重要，原因有几个。第一，它确认了电荷由离散的基本单元组成，而不是托马斯·爱迪生等人猜测的连续变量。

第二，如果这个数值就是最小的电量基本单元，那么它一定就是单个电子携带的电量。

第三，它帮助我们测量了阿伏伽德罗常数，这个常数的名字来自意大利科学家阿梅代奥·阿伏伽德罗。1811年，阿伏伽德罗提出，在给定的温度和压力下，任何气体的体积都与它包含的粒子（原子或分子）数量成正比。阿伏伽德罗常数的数值为 6×10^{23}，即 0.035 盎司（约 1 克）氢、0.42 盎司（约 12 克）碳、0.52 盎司（约 15 克）氧或 1.98

盎司（约 56 克）铁包含的原子或分子数量。

密立根在计算最终结果时排除了大约一半的实验数据，这引发了一些争议。这样的数据篡改并不明智，它可能最终走向彻底的学术欺诈。事实上，这些数据不会改变密立根的计算结果，但会增大整个实验的统计误差。

不难想象，通过显微镜观察油滴这项枯燥冗长的工作主要由研究生哈维·弗莱彻承担，但在一份不同寻常的协议中，他与密立根达成了交换默契：密立根独享这篇论文的所有权益，而弗莱彻则是另一篇相关论文的唯一作者，那是他的博士论文。结果，弗莱彻得到了博士学位，而密立根获得了 1923 年的诺贝尔物理学奖。

密立根不相信爱因斯坦在 1905 年的论文中提出的光电效应，他做了很多高难度实验，试图证明爱因斯坦错了，但结果却适得其反。他说："我花了十年时间试图推翻爱因斯坦在 1905 年提出的等式，结果却事与愿违。到了 1915 年，我不得不承认，爱因斯坦的理论是对的，尽管它看起来很不合理。"

研究人员：

詹姆斯·弗兰克

古斯塔夫·路德维希·赫兹

研究领域：

量子力学

结论：

量子力学理论首次得到了实验证明

量子力学比我们想象的还要古怪吗？

量子跃迁

　　飘浮的水银原子会对飞行的电子产生什么影响？弗兰克和赫兹在柏林大学合作研究这个问题。1914 年 4 月 14 日，这两位科学家在联名发表的第一篇论文中描述了自己如何引导阴极产生的电子沿着真空管穿过金属网栅流向阳极。

　　电子携带负电荷，所以带正电的网栅会吸引电子，随着网栅的正电压不断升高，电子运动的速度也会不断加快。阳极的电势略低于网栅，所以只有运动速度够快的电子才能成功到达阳极，其余的则会被网栅吸附回去。

　　真空管内有一些水银蒸气，研究者在管子里放了一滴水银，然后把管子加热到 239 ℉（115℃）。因此，穿过真空管的电子很容易与管内飘浮的水银原子发生碰撞。

　　研究者测量了到达阳极的电流，结果发现，随着网

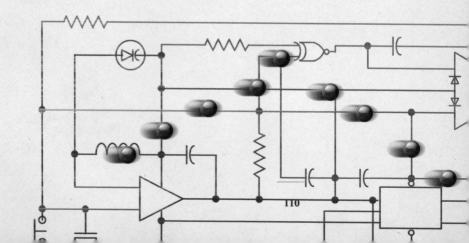

栅的电压不断升高，到达阳极的电流也稳定增长，直到电压升高到 4.9V，电流突然下降到了接近零的程度。这意味着电子的运动速度稳步增长到了 430 万英尺 / 秒（约131 万米 / 秒），然后突然停了下来。

然后研究者继续增加网栅的电压，电流重新开始增大，直到电压达到 9.8V（也就是 2×4.9V），电流再次出现断崖式下降；而在电压增加到 14.7V（3×4.9V）时，同样的一幕再次上演。

显然，电子似乎只会失去 4.9 电子伏的能量，不多也不少。超过临界速度的电子会失去 4.9 电子伏的能量，然后继续运动。弗兰克和赫兹指出，4.9 电子伏正好符合水银原子在 254 纳米（nm）上的一条谱线。

这是怎么回事？

起初弗兰克和赫兹推测，飞行的电子可能电离了水银原子，不过尼尔斯·玻尔认为，他的新原子模型可以解释这个现象。实际上，玻尔在前一年就已发表了新原子模型的论文，但弗兰克和赫兹并未看到这篇文章。

在此之前，J.J. 汤姆森的"梅子布丁"模型已经被卢瑟福的新模型取代，卢瑟福认为，原子中央是一个致密的原子核，其余大部分空间空无一物，电子可能围绕原子核

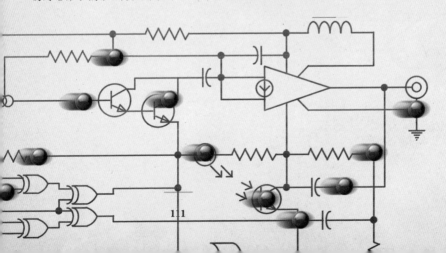

高速运动。但这个模型有个严重的问题：高速运动的电子应该会发光，但科学家并未观测到原子发光。另外，带负电的电子理应冲向带正电的原子核，但实际上它们却没有。

持续的能量流?

德国物理学家马克斯·普朗克曾经提出，能量可能不是连续的能量流，而是离散的"小包裹"，或者说"量子"。在 1905 年的光电效应论文中，爱因斯坦曾证明了光的确以量子的方式传播。

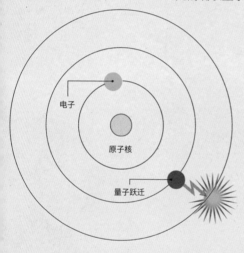

电子

原子核

量子跃迁

玻尔效应

哥本哈根的尼尔斯·玻尔认为，电子可能也存在类似的现象。因此，他提出了新的原子模型，电子的确围绕原子核做高速运动，但每个电子都有固定的能级（玻尔称之为"定常轨道"）。最低能级的轨道最多只能容纳 2 个电子，它们只能在自己的定常轨道上运行，无法再靠近原子核，下一个能级的轨道最多能容纳 6 个电子，以此类推。所有能级都是量子化的——每条轨道都有特定的半径和能量，就像光量子一样。

电子可以吸收一定的能量，跃迁到较高的能级（如果这条轨道上有足够的空间）；而当它跌落回原来的能级时，又会释放出等量的能量。玻尔指出，弗兰克和赫兹观察到的 4.9 电子伏正是水银原子两个量子能级之间的能量差。他们的实验之所以会出现这样的结果，很可能是因为水银原子内部的电子被激发到了更高的能级。

玻尔还提出，这些电子跌落到原来的能级时，应该会释放出波长为 254nm 的紫外线。

1914 年 5 月，弗兰克和赫兹在第二篇论文中报告说，在他们的实验条件下，水银释放出的光波长几乎正好就是 254nm，这说明被激发的原子回归了"基态"。

解释实验结果

-

现在，最初的实验结果看起来似乎有了一些眉目。水银原子中的电子只能被 4.9V 以上的电压激发，因为在水银原子内部，被占满的量子化能级与下一个空能级之间的最小能量差就是 4.9eV。

电压低于 4.9V 时，电子与水银原子碰撞后只会发生反弹，然后继续向着网栅和阳极运动。一旦电压达到 4.9V，大部分电子会带着足够的能量冲击水银原子，激发原子内部的电子。与此同时，原来的电子就会失去能量，速度变慢，无法到达阳极，所以科学家测得的电流几乎降到了零。

电压达到 9.8V 时，每个电子几乎都会连续撞击并激发两个水银原子，然后失去能量无法继续运动，所以电流再次降到了零。

随着被激发的电子跌落回原来的量子能级，水银原子很快就会释放出波长 254nm 的紫外线。

于是，新兴的量子力学理论找到了第一个实验证据。几年后，弗兰克就这些实验结果发表了一次演讲，据说爱因斯坦在听完演讲后评论说："这太可爱了，简直催人泪下。"他们的实验证明了电子可以在某条轨道上突然出现或消失，完全没有中间的运动过程，就像火星突然跳到了一条新的轨道上，然后又悄然回归它原来的轨道，这就是著名的"量子跃迁"。

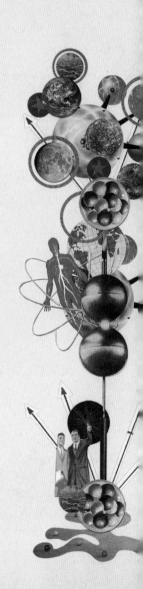

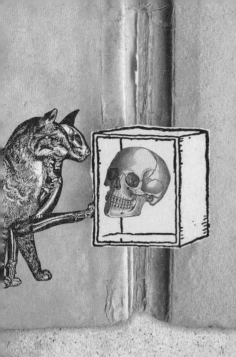

5. 物质深处：1915—1939

据说在 19 世纪末，物理界的大佬之一，开尔文男爵曾说过一句话："现在物理学领域已经没有什么新东西可供我们去发现了。"然而就在那之后的短短几年间，狭义相对论和量子力学改变了世界。

进入 20 世纪以后，物理学变得古怪起来。1915 年，爱因斯坦让人们看到，引力可以扭曲时空；卢瑟福实现了炼金术士的梦想，将一种元素转化成了另一种；还有一位比利时神父提出，原初的宇宙是从一只蛋开始的。

法国贵族物理学家路易·德布罗意提出了一个惊世

　　骇俗的观点，他认为电子可能也会表现出波的特性。贝尔
实验室的戴维森和革末证明了德布罗意的理论：电子具有
波粒二相性。然后，保罗·狄拉克预测了反物质的存在；
1932 年，卡尔·安德森在加州理工学院发现了反物质。

　　科学家追求"越来越高的测量精度"，但海森堡却
证明了在原子层面上，我们不可能同时精确测量物质的位
置和速度。物理学永远充满了不确定性。

1915

研究人员:

阿尔伯特·爱因斯坦

研究领域:

广义相对论

结论:

引力会影响时钟和光

引力与加速度有关吗?

爱因斯坦的广义相对论

请想象一下,如果你在电梯里扔下一只西红柿,但就在你放手的那个瞬间,电梯的缆绳断了,电梯会带着你和西红柿一起向下坠落,此时此刻,电梯、你和西红柿的坠落速度相同,所以西红柿将会停留在原地——也就是你的手边——因为你们都在做自由落体运动。

绕地轨道上飞船里的宇航员也处于自由落体状态。他或许会感觉到失重,但实际上,作用在宇航员和飞船身上的引力正好可以让他们停留在地球轨道上。如果他试图扔下一只西红柿,那么就会出现前述坠落电梯里的那一幕——西红柿会飘浮在他手边。

火箭发动机点火时,宇航员会感觉到有一股力量将自己压向飞船下方,就像在地球上起飞时他感受到的强大引力一样。事实上,引力的作用效果和加速度一模一样。

这就是爱因斯坦的"等价原则"。

加速度和钟

-

飞船尾部有一台奇怪的钟——它实际上是一盏频闪灯,每秒钟闪烁十次。如果飞船保持静止,水平地停放在地球上,那么灯发出的闪光也会以每秒十次的频率到达飞船的船头。但是,如果飞船在宇宙中加速运动,那么在船头观察到的闪光

在地球表面保持静止　　　在火箭上

频次就会变慢。船尾发出的闪光依然是每秒十次，但是在相邻的两次闪光之间，飞船的速度会变快一点点，所以闪光需要花费更长的时间才能到达船头，所以到头来，你在船头观察到的闪光可能只有每秒九次。

这样一来，在这个具有加速度的参考系（飞船）下，在船头的观察者看来，船尾的钟就变慢了。信号受到了引力红移的影响。

因为加速度和引力具有相同的效果，所以时钟在强引力场中也会变慢：这就是所谓的"引力时间膨胀"。

相反地，如果频闪灯位于飞船船头，在加速度或引力的作用下，船尾的观察者会觉得它变快了——这种现象叫作引力蓝移。

1915 年，爱因斯坦发表了引力频移理论的论文，他的理论得到了多个实验的验证。

利用原子钟

1971 年 10 月，物理学家约瑟夫·哈菲尔和天文学家理查德·基廷做了另一个更富戏剧性的实验。他们将四座超高精度的原子钟分别放在全世界的四个商业航班上，第一个航班向东飞行，第二个向西，以此类推。然后，他们比较了飞机上的时钟与美国海军天文台（USNO）的原子钟显示的时间。

美国海军天文台相对于地球参考系保持静止，根据广义相对论，飞机上的所有时钟都应该比地面上的走得快，因为在 3 万到 4 万英尺（约 9000 ~ 12000 米）的高空中，它们受到的引力比地面上的小。

与此同时，根据狭义相对论，向东飞行的时钟与地表的运动方向相同，所以它应该比地面上的时钟运动的速度更快，因此它走的速度应该比地面上的时钟慢；根据同样的道理，向西飞行的时钟比地面上的运动速度慢，所以它应该比地面上的钟走得快。广义相对论与狭义相对论的效应叠加，科学家最终计算得出，向东飞行的时钟应该比USNO的原子钟慢50纳秒（一纳秒等于十亿分之一秒），而向西飞行的时钟则要比USNO的钟快275纳秒，结果他们发现，事实果然如此。

引力和光

想象一下，我们的宇航员乘坐飞船在轨道上运行。他们都处于自由落体状态，所以飞船本身是一个惯性系。宇航员在飞船左侧向右射出一支箭，击中对面墙壁上的靶子。但是，如果在他松开弓弦的那个瞬间，发动机点火加速，那么飞船会向前运动，箭也会脱靶扎在墙上更靠近船尾的位置。

如果宇航员射出的是一束激光，也会发生同样的事情。在自由落体状态下，光是直线传播的，但是如果受到加速度的影响，光会被弯曲，要是加速度足够大，激光也会"脱靶"。

因为引力场与加速度等效，所以引力也会弯曲光束。如果宇航员射出激光的时候，飞船还停留在发射场上尚未点火，那么这束光会在地球引力的作用下向下弯曲，虽然弯曲的程度可能细微得让你根本无法觉察。

爱因斯坦提出了一个震惊世界的新想法：引力其实并不存在。实际上，在地球这样的大质量物体附近，时空本身出现了扭曲，所以在没有外力作用的情况下，飞船和宇航员不是像牛顿定律预测的那样做直线运动，而是绕地球轨道飞行。

你能把铅变成金子吗？

元素转化的局限

1919

研究人员:

欧内斯特·卢瑟福

研究领域:

原子物理

结论:

元素可以发生转化，但铅却不能变成金子

运用 α 粒子（即氦原子核）证实了新的原子结构以后，欧内斯特·卢瑟福又开始利用同样的武器把氮转化成氧。

他注意到 α 粒子无法在空气中传播太远的距离，他还发现，这种粒子与空气分子碰撞时会释放出某种奇怪的辐射，导致"远在 α 粒子传播范围外的硫化锌屏幕闪烁频次上升。引起屏幕闪烁的高速运动原子携带正电荷，能够被磁场偏转，它的传播范围及携带的能量与 α 粒子在氢气中穿过时产生的高速氢原子十分相似"。

"强辐射源镭 C 被放置在一个长约 1.2 英寸（约 3 厘米）的金属盒子里，盒子一侧的开口上蒙了一层银板，它的阻滞作用约等于 2.4 英寸（约 6 厘米）厚的空气。硫化锌屏幕安装在银板后大约 0.04 英寸（约 1 毫米）处，这样科学家可以在银板和屏幕之前放置一块具有吸附作用的箔纸……金属盒内部的空气被抽空……如果向盒内充入干燥的氧气或二氧化碳，屏幕上出现的闪烁频次会明显下降，下降程度符合该气体所应该具备的阻滞作用。但是，我们注意到了一个奇怪的现象：如果向盒内充入干燥的空气，屏幕的闪烁频次却会不降反升。整套装置的总吸收率大约相当于 7.5 英寸（约 19 厘米）厚的空气时，屏幕上的闪烁频次变成了真空时的 2 倍。在实验中我们清晰地看到，α 粒子穿过空气时会导致长程闪烁频次增加，其亮度和氢

原子产生的闪烁差不多。"

卢瑟福已经知道，氧气不会产生这种奇怪的闪烁，而空气主要成分是氧气和氮气，所以，看起来这种奇怪的辐射来自 α 粒子和氮气分子的碰撞。

轰击氮原子

于是，卢瑟福尝试用 α 粒子轰击纯氮，结果在轰击后的气体中发现了氢原子核。现在我们可以叫它氢离子或者质子，但是在当时，质子尚未被发现或命名，所以卢瑟福才会叫它"氢原子核"。这些粒子一定是氮原子核被轰击后分裂出来的。

卢瑟福认为："……难免会得出这样的结论：α 粒子与氮气碰撞产生的这些长程原子并不是氮原子，却很可能是带电的氢原子……如果事实真的如此，我们只能推断，氮原子在与高速 α 粒子的近距离碰撞中发生了分裂，由此产生的自由氢原子是氮原子核的组成部分。"

换句话说，卢瑟福的实验结果表明，氢原子核是氮原子核的组成部分，而且它可能也是所有原子核的组成部分。这看起来似乎真的有点道理，因为氢是最轻的元素，绝大多数元素的原子质量大致都是氢原子质量的整数倍。比如说，假设氢原子的质量是 1，那么一些相关元素的原子质量大致如下：碳，12.0；氮，14.0；氧，16.0；铝，27.0；磷，31.0；硫，32.1。

考虑到撞击的力量极大，出现这样的结果并不意外；α 粒子自身并未破碎，那么氮原子的分裂似乎在所难免。这个实验的结果表明，如果我们能用携带更高能量的 α 粒子——或者其他类似的入射粒子——轰击其他较轻元素的原子，或许它们的原子结构也会遭到破坏。

核反应

-

移居剑桥以后，卢瑟福请求帕特里克·布莱克特利用云室来研究 α 粒子与氮原子的反应。1924 年，布莱克特拍摄了 23000 张照片，这些照片中共有 415000 条离子化粒子留下的轨迹，其中 8 条轨迹表明，α 粒子与氮原子的碰撞产生了一个不稳定的氟原子，它很快又衰变成了一个氧原子和一个质子（N+He → [F] → O+H）。

1920 年，卢瑟福确定了氢原子核的确是所有原子核的基本组成单元，这是一种新的基本粒子，卢瑟福将它命名为"质子"。

第二年，卢瑟福在与尼尔斯·玻尔的合作中提出，大部分原子的原子核里应该还存在一种电中性的粒子，它会稀释带正电荷的质子，避免质子相互排斥。卢瑟福提出，这种粒子也许应该叫"中子"。

研究人员:

亚瑟·爱丁顿

弗兰克·沃森·戴森

查尔斯·戴维森

研究领域:

天体物理

结论:

爱因斯坦是正确的

爱因斯坦的理论
能被证实吗?

广义相对论的实验验证

1882 年,亚瑟·爱丁顿出生在英国肯德尔,31 岁时,他成了剑桥大学的天文学教授。爱丁顿相信直觉,他经常浮想联翩,提出一些关于恒星结构和恒星能量来源的理论——然后再去为自己的直觉寻找证据。幸运的是,很多时候他总是对的。

听说了爱因斯坦的广义相对论以后,爱丁顿激动万分。当时英国和德国正在交战,爱国的英国人对敌国的科学进展漠不关心,但爱丁顿是个和平主义者,所以他成了第一个用英语宣讲相对论的学者。

接下来,爱丁顿和皇家天文学家弗兰克·沃森·戴森一起说服了政府资助两支探险队去观察 1919 年 5 月 29 日的日全食,他们认为,这次的观测数据也许能够支持爱因斯坦的理论。

预言

-

根据广义相对论,引力会扭曲光线。如果来自遥远恒星的光从太阳附近经过,那么强大的引力场会导致光线向太阳的方向发生弯曲,于是在地球上观察的我们就会发现,这颗恒星在天空中的位置有细微的偏差。

大部分时间我们根本不可能观察到这类现象，因为阳光太过耀眼，我们根本看不见与太阳擦肩而过的遥远星光。不过，在日全食期间，太阳的光芒会被月球遮掩，所以在那几分钟里，我们可以看到这些远方的星星。我们可以拍摄日全食期间的照片，然后与日全食结束后的照片互相比较，检查确认遥远恒星的位置。

引力对光线的影响应该非常细微。如果爱因斯坦的理论正确，那么星光会偏转一个很小的角度。一个圆是360度，每度又分为60分，每分有60秒。恒星出现在我们视野中的位置应该比它的实际位置离太阳更远。根据牛顿的引力学说，星光应该偏转0.87秒（也就是说还不到1秒），但若是按照爱因斯坦的理论，星光会偏转1.75秒——是牛顿预测值的两倍还多一点。

在世界上的哪个地方？

-

地球上能观察到这次日全食的区域从巴西开始，跨越大西洋和非洲中部，一直延伸到坦噶尼喀湖畔。研究者决定派出两支探险队，分别前往巴西的索布拉尔和中非西海岸外几内亚湾的葡属普林西比岛。

1919年3月8日，探险队带着当时最好的望远镜和特制的折叠式帐篷登上了"安瑟莫号"。前往巴西的小队于3月23日登上巴西海岸，随后转乘轮船和火车顺利抵达索布拉尔。

与此同时，前往普林西比的小队乘坐"安瑟莫号"经马德拉前往葡萄牙，4月23日，他们到达了目的地。队员们在面朝西边的小隔间里架起了设备，望远镜的镜头直指大洋上空。

日全食当天

-

那天清晨，巴西的天空中阴云密布。"第一次接触"（月亮开始遮掩太阳表面）刚开始的时候，云层依然很厚，不过探险队队员依然借助稀薄的阳光成功校准了望远镜的方向。随后云层渐渐散去，就在月亮完全遮盖太阳之前的一分钟，太阳周围空出了一片清晰的区域。太阳刚刚消失，队员们立即打开了节拍器，其中一个节拍器每隔 10 拍就会发出一次响声，观测员借助这种方法来测量曝光时间。最终，探险队队员利用两部相机拍下了总共 27 张底片。

普林西比小队就没这么幸运了。日全食那天早晨，当地出现了严重的雷暴，暴风雨一直持续到下午 2:15。整个上午天空中乌云密布，直到下午 1:15 分，队员们才在云层的缝隙中瞥见了太阳的一角。最终他们竭尽全力拍下了 16 张底片，但其中只有 7 张有用。

结果和结论

-

介绍这次观测的论文长达 45 页，其中有许多页的表格和计算过程，最后他们得出结果，星光偏转的角度分别如下：

巴西 *1.98 秒 ± 0.12 秒*

普林西比 *1.61 秒 ± 0.30 秒*

这两个结果都更接近广义相对论提出的 1.75 秒，而不是牛顿力学的 0.87 秒。

爱因斯坦的理论得到了有力的证明。

粒子会旋转吗？

施特恩－格拉赫实验

1922

研究人员：

奥托·施特恩

瓦尔特·格拉赫

研究领域：

原子物理学和量子力学

结论：

电子自旋存在两种状态

1920 年左右，科学界对新兴的量子力学和原子结构尚有一些争议。在卢瑟福提出的经典模型中，带负电的电子围绕带正电的原子核高速运动。早在法拉第的年代，人们就已经知道，这样运动的电子应该表现出微型磁铁的特性。

既然如此，如果让一束原子穿过一个磁场，那么原子束应该发生偏转，因为这些"微型磁铁"会被磁场吸引或排斥；那么，如果磁场是不均匀的，北极的磁力大于南极（或者反之），而原子可能向任何方向运动，所以它们在各个方向上发生的偏转应该差不多。因此，根据经典的原子结构理论，原子束应该向四面八方发散，如果这些原子撞击到屏幕上，应该形成一片黑斑。

粒子自旋值

-

量子力学的先驱尼尔斯·玻尔提出，这类粒子的磁矩（或者说"自旋"）只可能有两个值：+1/2 或 -1/2。原子本身的方向不会影响计算结果，这就是自旋的量子特性。如果玻尔的理论正确，那么射入磁场的原子束应该会分成两股，在屏幕上留下两个斑点。出生在如今波兰境内的德国犹太物理家奥托·施特恩曾经与爱因斯坦并肩工作，1915 年，他去了德国的法兰克福。瓦尔特·格拉赫也是一位德国科学家，第一次世界大战期间，格拉赫曾在德国军队中服役；1921 年，他在法兰克福担任教授。就在那

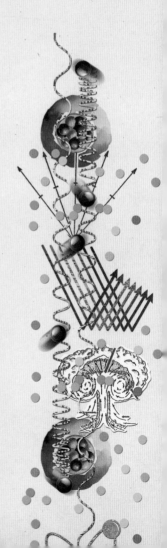

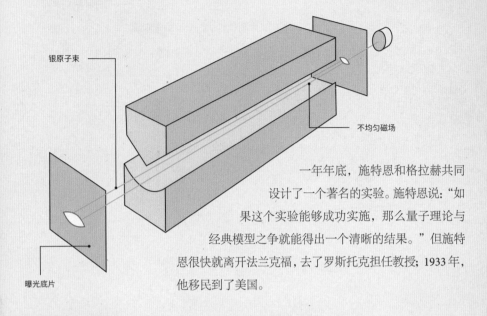

银原子束

不均匀磁场

曝光底片

一年年底，施特恩和格拉赫共同设计了一个著名的实验。施特恩说："如果这个实验能够成功实施，那么量子理论与经典模型之争就能得出一个清晰的结果。"但施特恩很快就离开法兰克福，去了罗斯托克担任教授；1933年，他移民到了美国。

一次胜利

1922年初，格拉赫在法兰克福大学开始了自己的实验，他将一束银原子射入不均匀的磁场。根据玻尔和索末菲的最新理论，银原子的原子核应该会自旋。

穿过均匀磁场的银原子在屏幕上留下了一条很宽的条带，但是当格拉赫调节磁场，让它变得不再均匀以后，宽条带从中间一分为二，变成了两条，看起来就像唇印一样。

这样看来，量子理论和玻尔 - 索末菲模型似乎获得了胜利。

但是……

-

不幸的是，玻尔和索末菲是错的。银原子核并不会自旋，但当时谁也不知道这一点，直到三年以后，乌伦贝克和高斯密特才提出，自旋的其实是电子。银原子含有23对电子，最外层还有一个孤立电子，正是这个孤立电子的自旋导致了原子束在不均匀磁场中发生偏转。（所有原子量为奇数的元素拥有的电子数量都是奇数——其中包括氢、锂、硼、氮、氟、钠和银。）

所以，施特恩-格拉赫实验得出了正确的结果，虽然是出于错误的原因。不过，实验本身非常成功，因为它为量子力学的量子化理论提供了最早、最直接的证据，也证明了自旋值的确只有两个。

后来，其他类似的实验表明，某些原子的原子核的确会自旋。20世纪30年代，伊西多·拉比证明了我们可以通过人工的方式扭转自旋的方向，这奠定了医用磁共振成像设备的理论基础。20世纪60年代，诺曼·F.拉姆齐改进了拉比的设备，制造出了原子钟。

虽然格拉赫独力实施了这个实验，但获得诺贝尔奖的却只有施特恩，显然，格拉赫之所以与这份荣誉失之交臂，是因为后来他曾为纳粹领导下的德国效力。不过，无论如何，施特恩-格拉赫实验都是量子物理学领域最重要的实验之一。

1923—1927

研究人员：

克林顿·戴维森

雷斯特·革末

研究领域：

量子力学

结论：

电子既是粒子又是波

粒子会波动吗?

证明波粒二相性

某件事物当然要么是粒子，要么是波——或者也能二者皆是? 1924 年，法国物理学家路易·德布罗意——他实际上是第七代布罗意公爵，全名叫路易·维克多·皮埃尔·雷蒙德——在自己的博士论文中提出，电子具有波的特性。他甚至提出了一个十分新颖的观点：所有物质都具有波的特性。德布罗意的观点简直是对经典物理的亵渎，然而量子力学正在突飞猛进地发展，也许他的看法真有可取之处。最重要的是，德布罗意推导出了粒子的能量与波长的关系公式。

爱因斯坦在 1905 年发表的光电效应论文里指出，光具有波粒二相性，所以今天我们称之为"光量子"。那么，其他事物也具有类似的性质吗? 哥廷根的瓦尔特·爱尔沙色提出，我们或许可以通过晶体的散射来研究这类物质作为波的特性。

1923 年，阿瑟·康普顿用一束 X 射线照射石墨，结果发现，X 射线（和其他电磁辐射）似乎具有一定的重量，所以它们的确表现出了一些粒子的特性。

实验

-

1927 年，克林顿·戴维森和雷斯特·革末在新泽西的贝尔实验室研究金属镍的表面结构，他们打算用一束电子来轰击镍，然后观察会发生什么现象。两位科学家加热

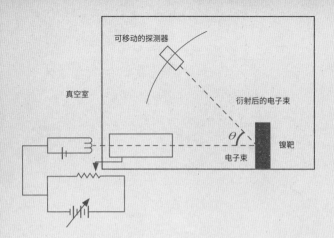

可移动的探测器

真空室

衍射后的电子束

镍靶

电子束

θ

灯丝制造出了电子束，然后利用中等大小的电压来加速电子束，电子束的能量可以通过电压进行调整。在 50V 的电压下，电子的能量是 50 电子伏（eV）。

然后，他们引导电子束从特定的角度轰击金属镍表面，并利用可移动的探测器测量电子的反射角度。两位科学家本来以为，粗糙的金属表面会让电子发生方向随机的散射，实验结果也的确如此："电子……轰击金属表面后立即向着四面八方飞溅，速度也各不相同。"可是有一天，实验出了点小岔子，于是他们发现了一些出乎预料的事情。

令人欣喜的意外

为了避免电子与空气分子发生碰撞，整套实验装置都装在一个真空盒里，但不幸的是，这个盒子有点漏气，所以金属镍外面生成了一层氧化镍。戴维森和革末试图加热镍来清除外面的氧化层，但他们当时并没有意识到，高温会改变金属镍的结构。在加热之前，镍靶的表面是一层微小的晶体，可是现在，小晶体聚合成了更大的结晶，每个晶体的宽度都大于电子束的直径。结果，在他们下一次做实验的时候，电子束击中的靶标变成了单个的晶体。

这一次他们发现，尽管一部分电子依然发生了随机的散射，但是在特定的电压下，很多电子却射向了同一个角度。比如说，加速电压为54V的时候，他们发现反射的电子束在50度的方向出现了一个峰值，感觉就像在角度合适的时候，你会看见高层建筑的窗户或者远处汽车的挡风玻璃反射出一束耀眼的阳光。

1915年，威廉·亨利·布拉格和他的儿子威廉·劳伦斯·布拉格因为"用X射线对晶体结构的研究"荣获诺贝尔物理学奖。他们的实验证明，晶体会让X射线发生特定角度的反射，因为晶体由一层层的原子组成，角度合适的时候，这些原子层就会像镜子一样反射X射线。不久后，人们开始利用X射线的衍射来研究晶体结构，测量射线的反射角度，就能算出晶体内部原子层之间的距离。

粒子和波

-

戴维森和革末报告称，在特定电压下，镍晶体会朝几个特定的方向精准地反射电子束，反射后的每组电子会分为3束或6束。他们一共发现了20组这样的角度，电子的反射路径和X射线一模一样。

换句话说，他们发现电子在这个实验中的表现与X射线完全相同，这意味着电子具有波的特性。

在戴维森、革末实验之前，人们一直以为电子只是带负电的粒子，不过现在，它又成了一种波。从某个角度来说，他们的发现与康普顿效应互为映射：康普顿发现了光波具有质量，而戴维森和革末发现电子拥有波长。波和粒子都表现出了属于对方的一些特性。

一切都是不确定的？

海森堡不确定性原理

1927

研究人员：

维尔纳·卡尔·海森堡

研究领域：

量子力学

结论：

微观世界里的一切都是
不确定的

如果我们知道某个粒子的运动速度，那么就没法知道它的确切位置。德国物理学家维尔纳·海森堡是量子力学的主要先驱之一。1901 年，海森堡出生在德国的维尔茨堡，后来他曾在慕尼黑和哥廷根学习物理和数学。1924年底，海森堡去了哥本哈根协助尼尔斯·玻尔工作；1927年，他在哥本哈根构建量子力学的数学基础时提出了著名的不确定性原理。

一个思维实验

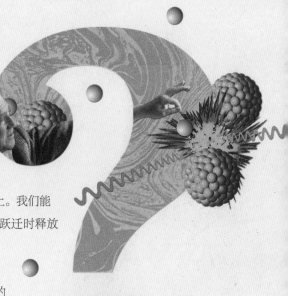

量子理论的早期模型提出，电子在固定的轨道上绕原子核运动。海森堡不喜欢这个模型，他说，我们无法真正观察到电子的轨道，所以根本无法确认电子的确存在于这些轨道上。我们能观察到的只是电子在不同的轨道上跃迁时释放或吸收的光。

于是海森堡做了一个思维实验。显微镜靠光波把图像投射到观察者的眼睛里。来自太阳或电灯的光照亮了物镜下的样本，部分光线反射进入物镜，通过显微镜内部的镜片组传入观察者的眼睛。

海森堡希望直接观察电子，但光却无法照亮这些小家伙，因为可见光的波长太长。这就像用渔网捕捞尘埃，结果必然是一场空。

为了获得更高的分辨率，海森堡构思了新的显微镜，他希望用 γ 射线来取代光波，充当传递图像的介质。γ 射线的性质和光波相似，但它的波长要短得多，这意味着显微镜可以达到极高的分辨率。通过这种方法，我们或许能够直接观察电子，找到它们的确切位置。

问题

但是，γ 射线携带的能量比可见光大得多——所以当它照射到电子上的时候，必然会对电子施加一个作用力，使电子飞向某个未知的方向。如果海森堡想精确地测量电子的位置，他就必须使用能量更高的 γ 射线，于是电子受到的力也会变大。

换句话说，对电子位置的测量越精确，那么电子的运动速度和方向受到的干扰就越大。反过来说，对电子运动轨迹的测量越精确，那么它的位置就越不精确。

虽然这个想法来自测量电子位置的思维实验，但海森堡知道，这种不确定性与测量方法无关，它是量子世界的内在属性。

1927 年 2 月 23 日，海森

$$\Delta p \cdot \Delta q \approx h$$

堡给自己的朋友沃尔夫冈·泡利写了一封信，解释了自己的想法。也就是在那一年，他用数学方法证明了这种不确定性，并发表了一篇完整的论文。这套理论被称为"海森堡不确定性原理"，后来它成了量子力学哥本哈根诠释的基础理论之一。

再也不一样了

不确定性原理听起来似乎无足轻重，但哪怕是从最保守的角度来说，它也改变了整个物理学的面貌。在此之前，从理论上说，如果知道某个粒子在某个时刻的确切位置和运动轨迹，那么你就能预测它在未来任意时间的位置。在艾萨克·牛顿构建的宇宙里，一切都是确定的。

但海森堡不确定性原理改变了这一切，他证明了我们不可能同时知道粒子的位置和轨迹。

幸运的是，这套理论只适用于量子力学的领域。我们的"真实"世界也同样存在不确定性，但它的影响很小，无法测量，也不必在意。牛顿力学将人类送上了地球，在这个令人安心的理论框架下，你还能继续开车，而要是运气和技术都够好，你也能接住迎面飞来的棒球。

1927—1929

研究人员：

亚历山大·弗里德曼

乔治·亨利·约瑟夫·爱德华·勒
梅特

爱德文·哈勃

研究领域：

宇宙学

结论：

宇宙从大爆炸开始，随后
以越来越快的速度膨胀

宇宙为什么会膨胀？

宇宙蛋

1922 年，俄罗斯彼尔姆国立大学教授亚历山大·弗
里德曼在德国发表了一篇复杂的论文，他在文中提出，宇
宙可能在不断膨胀。

比利时的天主教神父亨利·勒梅特也独立得出了类
似的结论，1927 年，勒梅特发表了一篇题为《质量固定
的匀质宇宙半径增大导致河外星云径向运动》的论文，在
这篇文章中，他提出了所谓的"哈勃定律"，并估算了哈
勃常数。

爱因斯坦的怀疑

-

爱因斯坦对勒梅特的数学计算很感兴趣，但他并不
相信宇宙正在膨胀。勒梅特回忆，当时爱因斯坦表示："Vos
calculs sont corrects, mais votre physique est abominable."
（"你的计算是对的，但物理方面却错得离谱。"）

1931 年，勒梅特在《自然》杂志上发表了一篇论文：

> "我不禁想到，根据目前的量子理论，宇宙之初
> 的自然规律可能与现在大不相同。从量子理论的角度
> 来看，热力学定律可以用下面的方式表达：（1）恒定
> 总量的能量以离散量子的形式分布。（2）离散量子的
> 数量总在不断增长。如果沿着时间的维度向前回溯，
> 我们一定会发现量子的数量越来越少；直到最后，

宇宙中的所有能量可能全部包含在几个甚至一个量子里。"

勒梅特提出,宇宙是从一个点开始膨胀的,然后他谈到了"创世时刻的宇宙蛋爆炸"。后来在一档广播节目中,不相信宇宙膨胀的英国天体物理学家弗雷德·霍伊尔不屑一顾地将勒梅特的观点称为"大爆炸理论",于是这个名字流传到了今天。

爱因斯坦逐渐开始认同勒梅特的理论。在加利福尼亚听了勒梅特的一场演讲以后,爱因斯坦说:"这是我所听过的关于宇宙起源最美、最完善的解释。"

进入美国
-

年轻的爱德文·哈勃在伊利诺伊和肯塔基长大,为了满足父亲的愿望,他选择了法律作为自己的专业;作为首批罗德学者,他还曾前往牛津大学进修。但哈勃真正热爱的是天文学,父亲去世以后,他终于回归了自己深爱的领域。

第一次世界大战结束后,哈勃在英国剑桥待了一年,然后他在加州帕萨迪纳的威尔逊山天文台找了一份工作。接下来,他的一生都将在这里度过。

哈勃研究的是一种名叫造父变星的特殊星体,它存在于多个星云之中，其中包括仙女座星云。造父变星的光芒会出现有规律的明暗变化，变化节律可能持续数天。这种星体特别有趣，因为它们的亮度和脉动周期有极强的相关性。也就是说，根据造父变星的明暗变化，天文学家可以算出它的绝对亮度。所以，这类星星成了宇宙中的"标准烛光"。

知道了标准烛光的绝对亮度，再加上我们观察到的实际亮度，天文学家就能算出这个星体离我们到底有多远。

星云由尘埃或气体组成。20世纪20年代初，人们认为所有星云都是银河系内的尘埃气体云，而银河系就是整个宇宙。但哈勃的观测结果表明，有的星系与我们之间的距离比银河系里最远的恒星还要远得多——因此，这些星云实际上属于其他遥远的星系。哈勃的发现让人们突然看到，宇宙比我们想象的还要大数百万倍。

红移

-

1929年，哈勃观察到了46个遥远星系的红移。当时的人们已经知道，如果一个星系（或者一颗星星）正在朝远离我们的方向运动，那么它释放的光会发生"红移"——也就向光谱的红色（长波）端移动。

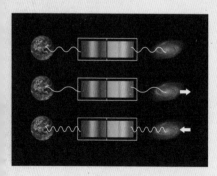

现在我们知道，星系红移是因为空间本身在不断拉伸，它造成的结果类似多普勒效应。红移越明显，星系远离我们的速度就越快。

哈勃发现，星系红移的速度大致与它离我们的距离成正比。换句话说，离我们越远的星系后退得越快。

反物质真的存在吗？

寻找正电子和负质子

1932

研究人员：

卡尔·戴维·安德森

研究领域：

粒子物理

结论：

除了普通的物质以外，还存在反物质

有些人认为，英国理论物理学家保罗·狄拉克是艾萨克·牛顿之后最伟大的理论物理学家，他综合量子力学与狭义相对论，发展出了一套奇怪的数学架构。狄拉克描述了近光速电子的行为——然后从中发现了一些奇怪的事情。狄拉克在 1928 年推导的方程是为了描述带负电的电子，但它同样适用于带正电的"电子"。

狄拉克提出，不光是电子拥有带正电的对应粒子，其他所有粒子都拥有自己的"反粒子"。正如质子和电子组成了原子，反质子和反电子也会组成反原子。换句话说，他预测了反物质的存在，虽然在此之前，人类从未观察到这类事物。

狄拉克甚至认为，宇宙中可能存在一个完全由反物质构成的太阳系：

> "自然界中的正电荷和负电荷是完全对称的，如果接受了这一基本观点，那么我们就会发现，地球（甚至整个太阳系）主要由带负电的电子和带正电的质子组成，这只不过是出于偶然。宇宙中的某些恒星很可能与我们的地球完全相反，它们主要由带正电的电子和带负电的质子组成。事实上，也许每种类型的星星都有一半是由反物质构成的。正物质和反物

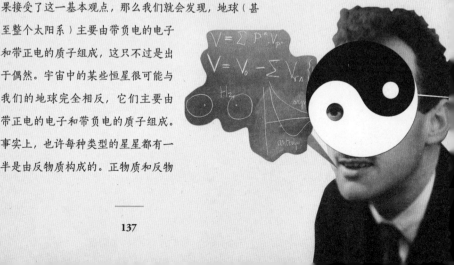

质组成的星星表现出的光谱完全相同，所以现有的天文学手段根本无法区分它们。"

因此，狄拉克提出，宇宙中可能存在反物质组成的恒星和行星。

奥地利，1911 年—1913 年

-

15 年前，奥地利物理学家维克多·赫斯对大气中的电离辐射产生了兴趣。当时的人们认为，这些辐射来自地球上的放射性岩石。但是根据赫斯的计算，如果事实真的如此，那么在离地面大约 1640 英尺（约 500 米）的高空中，这些辐射就应该消失。于是他决定验证一下。

赫斯乘坐气球完成了 10 次高空探测，冒着莫大的风险，他发现在离地面 0.6 英里（约 0.97 千米）的高度，电离辐射的确有所下降，但很快又再次上升；在离地面 3.5 英里（约 5.6 千米）的高空中，电离辐射的强度是海平面上的 2 倍。于是赫斯总结说："有一种穿透能量极强的射线从上面进入了我们的大气。"

1912 年 4 月，赫斯甚至在日食期间冒险升空，结果发现，神秘的辐射并没有随着太阳的消失而减弱，所以它的来源并不是太阳。这种神秘的辐射被称为"赫斯射线"，后来它又有了另一个更常用的名字："宇宙射线"——因为它来自外太空。无论日夜，整个地球都一直沐浴在电磁波粒的洪流之中。

加州理工学院，1932 年

-

卡尔·安德森在加州理工学院学习物理学和工程学。

1932 年，他开始利用改进后的云室研究宇宙射线。他使用的云室后来被人们称为"安德森云室"。

1932 年 8 月 2 日，安德森利用垂直的威尔逊云室拍摄宇宙射线轨迹时发现了一条古怪的痕迹，它只可能来自某种质量与自由负电子相当的带正电荷的粒子。

右图就是安德森在云室中拍摄的那张重要照片，照片中央是一道 0.24 英寸（约 6 毫米）厚的铅板。宇宙射线从照片下方进入云室，随后在强磁场的作用下向左偏转，这证明它携带正电荷；如果这道射线携带的是负电荷，那它就应该向右偏转。然后，粒子穿过铅板进入云室上半部分，能量略有损失——所以它偏转得更厉害了。穿透铅板之后，这个粒子又穿过了 2 英寸（约 5 厘米）厚的空气，这说明它的体积很小——质子绝不可能飞行这么远的距离。

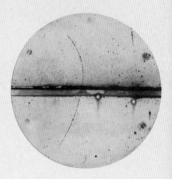

这个研究任务并不轻松。安德森拍摄并检查了 1300 张照片，结果只发现了 15 道类似的正电宇宙射线轨迹。

安德森云室
长 5.5 英寸（约 14 厘米）
深 0.4 英寸（约 1 厘米）

　　"因此可以得出结论，正电子的质量很可能与自由负电子完全相等。"

反物质

-

如果反粒子与自己的对应正粒子发生碰撞——例如电子与正电子碰撞——它们会彼此湮灭，释放出 γ 射线。显然，宇宙中并不存在由反物质组成的大片区域，因为我们并未观察到正反物质湮灭释放的巨量 γ 射线。大爆炸产生的正物质为何远远多于反物质？这是宇宙学中最大的谜团之一。

1933

研究人员：

弗里茨·兹威基

研究领域：

宇宙学

结论：

我们能够看见的星星只占宇宙质量的极小一部分

引力如何构建银河系？

暗物质与看不见的宇宙

弗里茨·兹威基是有史以来最伟大的天体物理学家之一。这位性情乖僻的天才提出，宇宙中存在大量看不见的物质。那么他是怎么发现这一点的呢？

1898 年，兹威基出生在保加利亚，他的父亲是个瑞士人，母亲则来自捷克。6 岁时，兹威基被送到瑞士的祖父母家里学习商务，但他很快放弃了这条道路，转而开始学习数学和物理。1925 年，兹威基移民到了美国，他来到加州理工学院，和罗伯特·密立根一起工作。在这里，他对天文学、天体物理学和宇宙学产生了兴趣，也在这个领域做出了极大的贡献。

超新星和中子星

20 世纪 30 年代初，兹威基开始和德国天文学家沃尔特·巴德一起研究"新恒星"。兹威基认为，宇宙射线来自恒星的剧烈爆炸，他称之为"超新星爆发"。接下来的 52 年里，兹威基和巴德发现了 120 颗超新星。超新星爆发的现象不算新鲜——早在 1572 年，第谷·布拉赫就曾观测到超新星爆发——但在此之前，还没有任何人对此做出合理的解释。

1933 年，兹威基提出，一般而言，大质量恒星在生命终结时会发生剧烈的爆炸，由此产生大量可见光和宇宙射线。恒星爆炸后的残骸密度极大，所有的质子和电子会挤在一起，转化成中子，最终形成的中子星体积很小，直径可能只有几英里，但密度大得超乎想象。当时距离中子的发现才刚刚过去了一年，谁也不相信兹威基的理论，直到 1957 年，约瑟琳·伯奈尔发现了脉冲星。

兹威基拥有卓越的头脑，他尤其擅长横向思考。在他去世以后，天文学家史蒂芬·莫勒写道："只要谈到中子星、暗物质、引力透镜之类的话题，所有研究者的开场白总是千篇一律：'早在 20 世纪 30 年代，兹威基就注意到了这些问题，但当时谁也不相信他的话……'"

星系的质量到底有多大？

1932 年，荷兰天文学家扬·奥尔特提出，根据恒星的运动轨迹推算，银河系中存在的物质肯定比我们能够观察到的要多得多。但是后来人们发现，他的测量结果是错的。

1933 年，兹威基首次运用维里定理计算了 3.2 亿光年外的后发座星系团的质量。维里定理描述了星系的轨道速度和它受到的引力之间的关系，"维里（virial）"这个词来自拉丁语里的"vis"，意思是"力"。1870 年，德国物理学家鲁道夫·克劳修斯首次提出了这个定理。

兹威基观察了星系团边缘的星系运动，并利用这些数据来估算整个星系团的总质量。然后，他又根据这些星系的亮度算出了另一个总质量数据。

结果，兹威基发现，前者的计算结果大约是后者的400 倍。我们能够观察到的物质质量完全不足以支持星系做如此高速的轨道运动，这中间似乎缺了点儿东西。根据这个"看不见的质量问题"，兹威基推断，星系团中一定存在大量看不见的物质，他称之为"Dunkle Materie"，即"暗物质"。

神秘物质

-

实际上，兹威基的估算误差很大，但"看不见的质量问题"的确存在，现在，天文学家已经找到了足够的证据来支持他的观点。在大部分星系中，恒星的轨道速度都远大于可见的物质质量能够支持的程度，这样看来，大部分星系内都存在一个大体均匀的暗物质球，可见的恒星位于中央的碟状区域中。

科学家对引力透镜（这种效应也是兹威基在 1937 年首次提出的）的观测证实了星系中的确存在额外的质量：不管可见还是不可见，一大团密集的物质扭曲了时空，远处的天体看起来就像隔了一个透镜，出现了变形和扭曲。有时候我们会发现，可见物质的质量根本不可能形成这么强的引力透镜。

20 世纪 60 年代末和 70 年代初，薇拉·鲁宾测量了螺旋星系内恒星的轨道速度，结果发现，大部分恒星绕轨运行的速度相同，但远离星系中心的恒星绕轨速度却要慢得多。这意味着星系中央的质量密度大致保持均匀，但是，这个"均匀质量"的范围却远远超过了中央密集恒星团的界线，大部分星系的质量至少要达到其内部可见恒星总质量的 6 倍以上，才能解释天文学家观察到的现象。

而在我们的银河系里，暗物质的数量大概是可见物质的 10 倍左右。2005 年，来自威尔士卡迪夫大学的天文学家宣称他们发现了一个质量只有银河系十分之一的星系，它完全由暗物质组成。

现在，科学家普遍认为，暗物质构成了整个宇宙的27%，而宇宙的其余部分主要由暗能量构成。

薛定谔的猫是死还是活?

量子力学悖论

1935

研究人员:

埃尔温·薛定谔

研究领域:

量子物理

结论:

两种可能性同时存在

  一只猫如何能够同时既死又活? 1935 年,奥地利物理学家埃尔温·薛定谔提出了这个颇富哲学意味的问题。在此之前的 15 年里,诸多理论物理学家和数学家一直在完善量子力学的框架细节,哥本哈根的尼尔斯·玻尔和维尔纳·海森堡是这幢大厦的首席建筑师,他们建立的理论后来被称为量子力学的哥本哈根诠释。但薛定谔认为,哥本哈根诠释应用于宏观物体时会出现一个问题。

  玻尔和海森堡曾提出过一套"量子态叠加"理论。如果某个粒子(或者某个光量子)拥有两种可能的状态或位置,但我们无法确认它到底处于哪种状态(或位置),那么按照量子态叠加理论,在被观测到之前,它同时拥有两种状态(或位置)。一旦被观测,它会立即坍缩成一个态。所以,只有观察者才能将粒子固定在某个可能的状态下。

  薛定谔不喜欢量子态叠加的主意,所以他通过思维

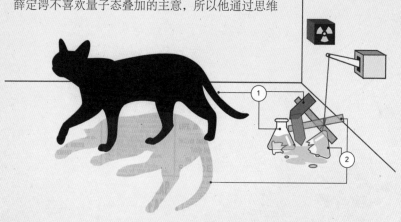

实验提出了一个悖论。

并没有猫受到伤害……

假如有一只猫被关在一个铁盒子里，无法逃脱。除了这只猫以外，盒子里还有少许放射性物质、一台盖革计数器和一瓶致命的氰化物毒素。如果放射性物质的某个原子发生了衰变，那么盖革计数器会探测到它的衰变并激活开关，推动一把锤子敲碎瓶子释放毒素，导致猫死亡。

放射性原子的衰变完全无法预测。盒子里的放射性物质可能下一秒就会衰变，也可能一年都不会衰变。因此，既然谁也看不到盒子里的情况，那么半小时以后，谁也说不清里面的放射性元素到底有没有发生衰变。根据量子态叠加理论，这些原子同时处于衰变和未衰变的状态。

观察者的重要性

但是，这也意味着盒子里的猫既是死的，又是活的——除非有观察者打开盒子，确定最终的结果。薛定谔表示，这毫无道理，量子态叠加理论在真实世界里显得如此荒谬。他写道，这个悖论"使得我们无法接受用这种'模糊的模型'来代表现实。虽然就这套理论本身而言，它没有任何不清楚或矛盾的地方"。

有人反驳说，那只猫也算是观察者，它应该知道原子是否发生了衰变——如果它还活着。

尼尔斯·玻尔本人却认为观察者的出现并无必要，他觉得在观察者打开盒子之前，猫的死活早已确定。他指出，猫的死活是由盖革计数器决定的，所以事实上，这个计数器充当了观察者的角色。这种解释是不是更合理呢？

但阿尔伯特·爱因斯坦却并不认可。1950 年，爱因斯坦给薛定谔写了一封信：

> "如果一个人足够诚实，他就无法逃避对'真实'的设想……在当今的物理学家中，只有你做到了这一点。大部分人根本不明白自己正在对'真实'玩弄多么危险的把戏——他们以为真实是纯然的理论假设，与实验得出的结果完全无关。但是，你用放射性原子 +……[原理]……+ 盒子里的猫……以最优雅的方式驳斥了他们的诠释。谁也不会真正质疑这一点：猫的存在或不存在与观察行为全然无关。"

多世界

后来，量子力学模型引入了新的想法。1957 年，休·艾弗雷特提出了"多世界诠释"，根据这套理论，两种可能性都是真的，确切地说，无论过去还是未来，所有可能性全都真实存在。艾弗雷特认为，存在很多很多个宇宙，每一种可能性都曾真实地发生过，只是它们各自存在于不同的宇宙中。按照多世界诠释，薛定谔的盒子打开的一刹那，观察者和猫就各自分裂成了两个。在其中一个宇宙里，观察者看到猫还活着，而在另一个宇宙里，它已经死了——但这两位观察者永远无法见面，也不能交流。

薛定谔的猫成了举世皆知的明星，关于它的争论从来就不曾停歇——它是量子力学领域里知名度最高的动物。

1939

研究人员：

利奥·西拉德

恩里科·费米

研究领域：

核物理

结论：

核反应会产生能量

怎样利用核物理知识造出原子弹？

第一座核反应堆

1933 年，匈牙利物理学家利奥·西拉德在英国访问时在《泰晤士报》上读到了当时的原子物理大佬欧内斯特·卢瑟福发表演讲的消息。卢瑟福在演讲中否认了通过核反应获取能量的可能性："……一切试图从原子转化中获取能量的努力都是空中楼阁。"

可怕的想法

西拉德很不赞同卢瑟福的说法。特别是在 9 月 12 日那个阴霾密布的清晨，西拉德漫步在伦敦布卢姆茨伯里街区，想到卢瑟福的演讲，他感到心烦不已。西拉德在大不列颠博物馆附近的南安普顿路街口停下来等红绿灯，就在绿灯亮起的那一刻，一个可怕的想法突然闯入了他的脑海：假如能用新发现的中子启动某个反应——让一个原子产生两个中子，那么这两个中子又将启动另外两个原子发生反应，从而释放出四个中子，一生二，二生四，四生八……最终形成链式反应。

正如理查德·罗兹在《原子弹秘史》中所说："就在他穿越街道的那个瞬间，时间裂开了一条细缝，他看到通往未来的道路充满死亡与悲伤，世界将变得不复以往。"

意大利天才

-

恩里科·费米生于罗马，他是物理学界一颗冉冉升起的新星，在理论和实验两方面都颇有建树。1938 年，费米获得了诺贝尔物理学奖，因为他用中子轰击重原子，制造出了新的元素。不幸的是，后来人们发现，费米制造出来的其实并不是什么"新元素"，而是反应产生的放射性碎片。费米有些羞愧，但他依然自信满满。

1939 年，战火越烧越烈，为了躲避纳粹和法西斯政权，西拉德和费米都移民到了美国。两位科学家意识到，德国科学家可能正在制造原子弹，于是他们给罗斯福总统写了一封警告信，并邀请爱因斯坦共同署名。

临界质量

-

与此同时，其他科学家已经发现，铀原子衰变时会释放出 2 个或 3 个中子，而一个慢中子可以引发另一个铀原子衰变。既然如此，我们就能利用铀原子的这种特性制造真正的原子核链式反应。只要让铀元素达到临界质量（大约 15 千克的纯铀——它的体积只比棒球大一点点），衰变释放的中子就足以引发下一步的衰变——从而形成一发不可收的链式反应。

费米和西拉德开始建造世界上的第一座核反应堆。他们齐聚芝加哥大学，打算在郊外的红门森林建造反应堆，

因为那里比较安全。但是因为一场罢工，这个计划流产了。最终，科学家在一座废弃的体育中心的地下壁球场里建造了"芝加哥1号堆"（CP1），虽然这里人迹罕至，但毕竟还是大城市的核心地区。

这样的实验非常危险。根据西拉德、费米和其他科学家的计算，核反应应该能够按照计划启动和停止，但要是有什么地方出了差错，整个芝加哥都将毁于一旦。但是，当时美国已经陷入了战争的泥潭，这样的冒险或许是值得的。

芝加哥1号堆

核反应堆由球状的铀和石墨块组成。费米发现，铀原子衰变释放的中子速度太快，无法引发链式反应。石蜡和水能将中子减速到近乎静止的状态，因为中子会与这些

材料里的氢原子发生碰撞。石墨的减速效果更好，它可以恰当地减缓中子的速度，提高链式反应的效率。

科学家还需要想个办法来减缓乃至阻止已经开始的链式反应，所以他们用镉和铟制作了一套控制棒，随时准备插入堆芯。镉和铟会吸收中子，从而减缓甚至阻止核反应。

反应堆装配完成时，控制棒是插在堆芯里的。1942年 12 月 2 日下午 3:25，科学家抽出控制棒，CP1 达到临界状态，史上第一次可控核反应开始了。28 分钟后，费米关掉了反应堆。

后来，人们拆掉了这座反应堆，把它搬到了红门森林，并将它改名为 CP2；阿贡国家实验室最早就是在这里建立的。接下来费米前往洛斯阿拉莫斯，成了曼哈顿计划的领头人。1945 年，他在阿拉莫戈多沙漠亲自测量了第一次原子弹试验产生的能量。

6. 跨越宇宙：1940—2009

　　在本书的前几章中，我们总是看到科学家孤军奋战，各自设计制作自己的实验设备。随着研究工作变得越来越困难，需要的费用也越来越高昂，科学家逐渐聚集到一起，开始建立大型实验室。大科学时代就此拉开帷幕。

　　我们不妨看看环磁机的发展——这种仪器外形类似甜甜圈，用于研究核聚变。早在"冷战"时期，苏联就已经秘密制造出了最早的环磁机；随后这项技术继续发展，直到英国的欧洲联合环状反应堆（JET）制造出了太阳系内温度最高的等离子体，但是没过多久，规模庞大的

ITER 项目又让 JET 相形见绌。

超广角寻找行星计划（Super WASP）很好地体现了科学家的奇思妙想和计算机强大的运算能力，不过要说人类的骄傲，那还得数大型强子对撞机（LHC），它是迄今为止人类建造的最大、最复杂的实验设备。

1854 年，路易·巴斯德曾说："在观察的领域里，机会总是垂青有准备的头脑。"1965 年，我们幸运地发现了大爆炸留下的余韵；两年后，苏珊·约瑟琳·贝尔又发现了脉冲星，这也许同样是因为幸运——或许是幸运和坚忍各占一半。这些发现推动了物理学界对黑洞的探索。

1956

研究人员：

伊戈尔·叶夫根耶维奇·塔姆

安德烈·德米特里耶维奇·萨

哈罗夫

研究领域：

核物理

结论：

核聚变也许会在未来

实现

一颗恒星诞生了？

环磁机的发展

从 20 世纪 50 年代起，人类就开始使用核裂变反应堆发电，但迄今为止，核能仍是一种昂贵的能源，而且核裂变的原材料和反应后的废料都具有放射性，所以核能发电存在几个问题：反应堆可能出现故障甚至熔化，海啸引起的洪水可能破坏反应堆，核电厂还有遭受恐怖袭击的风险。此外，放射性废料的长期处置也是个难题。

核聚变或许可以帮助我们解决这些问题。

聚变和裂变

在裂变过程中，重原子（例如铀原子或钚原子）分裂产生较轻元素的原子、微粒和大量能量。

而聚变则是两个小原子（例如氢原子）聚合形成更大的原子（例如氦原子）。与裂变相比，核聚变有几个优势。首先，聚变系统不会过热熔化，因为无论何时，参与反应的物质总质量都不会超过 1 克，所以即便这些材料达到了极高的温度，它们产生的总热量也很小——完全不足以熔化金属和陶瓷隔墙。

其次，聚变废料的处理也比较简单，因为它们没有放射性，而且聚变反应产生的能量是裂变的一千倍左右。

太阳——和其他所有恒星——的能量都来自氢原子聚合成氦的聚变反应，所以，我们要做的就是在地球上制造一颗恒星。不过，无论是从物理学还是从工程学的角度来说，人工聚变都很难实现。人们总在说，聚变反应堆离我们只有 30 年——这话已经说了好几十年——但科学家仍在不断尝试。

先驱

最早尝试人工聚变实验的是苏联的科学家，但迄今为止，我们仍不知道他们的详细实验情况，因为当时正值"冷战"期间，什么事情都要保密。我们只知道，有位名叫列夫·阿齐莫维奇的物理学家曾为苏联的原子弹小组工作。从 1951 年到 1973 年阿齐莫维奇去世，他一直是苏联聚变能项目的负责人。

在他的领导下，苏联的科学家完成了世界上最早的人工核聚变反应。别人问阿齐莫维奇热核反应堆何时能投入实际应用，他回答说："等到人类需要的时候，或许比那再早一点。"这位苏联科学家被称为"环磁机之父"。

环磁机是专为核聚变反应设计的容器。"tokamak"这个词实际上是由首字母缩写组成的，它的原始俄语意思是"配备磁力线圈的环形室"。想象一个充满了气的橡胶圈或者汽车轮胎，环磁机的反应室就是这个形状的。

伊戈尔·叶夫根耶维奇·塔姆和安德烈·德米特里耶维奇·萨哈罗夫设计了最早的环磁机，1956 年，苏联人在莫斯科的库尔恰托夫研究所造出了这台装置；1968 年，他们又在新西伯利亚首次成功完成了聚变反应，得到了大约 1800 万华氏度（约 1000 万摄氏度）的高温。在那之后的第二年，英国和美国的物理学家确认了苏联人的这次实验。

目前，全球共有 30 台环磁机分布在 16 个国家里。迄今为止最大的环磁机是英国卡拉姆的欧洲联合环状反应堆

（JET），它的环形室大得能让成年人在里面轻松漫步。

1983 年 6 月 25 日，JET 首次成功生成等离子体；1997 年，它制造出了 16 兆瓦的聚变能，虽然持续的时间还不到 1 秒，但 JET 消耗的能量比它产出的还多，所以它永远也不会变成商业性的发电厂。

等离子体

要让氢原子聚合形成氦原子，我们必须设法让氢原子达到极高的速度，这样它们才能携带巨大的能量发生碰撞。要加速氢离子，必须将它们加热到极高的温度——比如说，1.8 亿华氏度（约 1 亿摄氏度）。

在这样的高温下，氢会从气体变成等离子体。这意味着氢分子（H_2）会分裂成原子（H），然后电子会从原子中剥离出来，只剩下质子（氢离子，H^+）与自由电子一起做高速运动。这两种粒子都携带电荷，因此可以被"磁瓶"约束。

如果这些粒子与容器壁发生碰撞，它们就会失去很多能量，可能还会对容器造成严重的破坏，所以必须用强磁场对它们进行约束。磁场来自环磁机内的环形线圈，这些线圈制造出螺旋状的强磁场，也就是我们所说的"磁瓶"，它能够约束氢原子，避免高能粒子与容器壁发生碰撞。

聚变反应产生的能量主要由反应室夹层中的冷却水来吸收，也可以由反应中生成的中子带走，或者通过直接能量转换过程，将高速运动的带电粒子直接转换成电流。人们可以利用这些能量将水转化为过热蒸汽，驱动涡轮发电，这就是核聚变电站的基本原理。

大爆炸留下了余韵吗?

发现宇宙微波背景辐射

阿诺·彭齐亚斯在获得物理学博士学位以后,去了新泽西霍姆代尔的贝尔实验室,与得克萨斯的物理学家罗伯特·威尔逊成了同事。

当时他们使用一台 50 英尺(约 15 米)的喇叭形高灵敏度微波天线(接收器)研究星系间的无线电信号。

无线电噪声

-

打开天线以后,他们听到了一种无法解释的无线电噪声——那是一种低沉的嗡嗡声。他们知道,要想探测来自宇宙的微弱信号,必须设法消除这种噪声。

两位科学家排除了所有电视和广播信号的干扰,然后用液氦将天线冷却到了 4K(-452 ℉或 -269℃),试图消除温度可能带来的影响。但奇怪的噪声依然没有消失。

最开始他们觉得噪声一定来自纽约——汽车火花塞之类的东西也会干扰天线——于是他们将天线对准了曼哈顿,但噪声却没有增加丝毫。他们意识到,这奇怪的声音一定来自天上。

两位科学家怀疑辐射来自银河系,但河内噪声理应

1965

研究人员:

阿诺·阿兰·彭齐亚斯

罗伯特·伍德罗·威尔逊

研究领域:

宇宙学

结论:

现在我们看到了宇宙年轻时的模样

更大一些，更奇怪的是，永不停歇的嗡嗡声似乎来自四面八方，无论将天线指向天空中的哪个位置，它都不会消失，也不会改变。

鸽粪

-

当然，他们想到了噪声的来源也许就在身边——甚至可能就在接收天线内部。于是他们检查了设备，结果发现了一种"白色的绝缘材料"——换句话说，他们找到了一些鸽粪。也许噪声正是这些东西造成的。两位科学家清除了鸽粪，又对鸽子窝进行了一次大扫荡。

但奇怪的嗡嗡声依然挥之不去。

与此同时，在37英里（约60千米）外的普林斯顿大学，罗伯特·迪克、吉姆·皮布尔斯和大卫·威尔金森刚刚开始寻找这类微波辐射，他们推测，它可能来自大爆炸。彭齐亚斯的一位朋友看到了皮布尔斯的论文初稿，直到这时候，彭齐亚斯和威尔逊才如梦初醒地意识到，自己的发现有多么重要。

看到论文的副本以后，彭齐亚斯给迪克打了个电话，邀请他和同事一起来贝尔实验室看看自己的数据。彭齐亚斯和威尔逊的观察结果非常符合普林斯顿的预测——"他们抢在了我们前头。"迪克这样说。1965年，他们联名在《天文物理期刊》上发表了几篇论文。

大爆炸的余韵

-

普林斯顿小组的预测是对的，彭齐亚斯和威尔逊听到的噪声来自宇宙微波背景辐射（CMB），它是大爆炸留下的余韵。

大爆炸释放出超乎想象的海量能量，其中部分能量最终聚合形成物质。大爆炸之后的短短38万年里，宇宙变成了透明的，能量在宇宙中穿梭，看起来就像无数道连绵不绝的闪电，色温约为3000K。摄影师用"色温"来描述光的白度，773K（932 ℉或500℃）的光是火红的，2319K（2732 ℉或1500℃）色温的光是黄的，3000K（4940 ℉或2727℃）的光呈正白色，阳光的色温大约是5000K（8540 ℉或4727℃）。

然后，宇宙逐渐衰老，现在，它已经有137亿岁了。来自远古的光依然弥漫在宇宙中，但空间一直在飞速膨胀，这些光也逐渐红移（或者说冷却）到了微波波段。所以，我们现在看到的微波背景辐射是宇宙中最古老的光，它是大爆炸留下的余韵。这些微波的波长是2.9英寸（约7.4厘米），大致相当于3K（十分接近绝对零度）下的黑体辐射。

这个发现为大爆炸理论提供了有力的证据。当时仍有不少人支持稳态理论，但大爆炸理论预测了CMB的存在——而彭齐亚斯和威尔逊找到了它。

宇宙年轻时的模样

-

虽然彭齐亚斯和威尔逊认为CMB是各向同性的——也就是说，在所有方向上完全一致——但实际上，它还是有微小的起伏；CMB的温度在3K上下波动，差值在千分之一度以下，但的确存在差别。这幅图实际上描绘了宇宙在38万岁时的模样，那时候距离现在足足有137.7亿年。

黄色和稀少的红色斑块代表光密度较大的区域，也就是在这些地方，物质开始聚集起来，最终形成了恒星和星系。这是我们手中最好的描绘年轻宇宙的地图。

1967

研究人员：

苏珊·约瑟琳·贝尔

研究领域：

天文学

结论：

黑洞的确存在

小绿人真的存在吗？

脉冲星和黑洞

黑洞是怎么被发现的？ 1783 年 5 月 26 日，英国教士兼博学家约翰·米切尔给皇家学会的亨利·卡文迪许写了一封长信。他在信中描述了一种比太阳大 500 倍的球体：

> *"如果有一个物体从无限高处向它坠落，那么在落到这个球体表面的时候，自由坠落的物体将超过光速，因此，假如光也被同样的力所吸引……这个物体释放出的所有光都会被它自身的引力吸收回去。"*

换句话说，米切尔提出了黑洞的概念，这种物体的质量如此巨大，就连光也无法逃脱它的引力。

13 年后，法国数学家皮埃尔 - 西蒙·拉普拉斯在《宇宙系统论》中提出了同样的设想。

1915 年，爱因斯坦发表广义相对论以后，人们对宇宙学产生了新的兴趣，黑洞的概念也被重新挖掘出来。德国物理学家卡尔·史瓦西为爱因斯坦的引力场方程求出了一个解，我们可以利用它来推算质点和球形天体的引力场。但是，这个解会得出一个奇怪的史瓦西半径，也就是现在我们所说的"事件视界"——物质可以进入这个球壳，但没有任何东西能从里面出来。

那么，从数学上说，黑洞应该存在，但现实世界里真的有这种东西吗？

博士研究生

1967年，出生于北爱尔兰的天文学家约瑟琳·贝尔正在英国的剑桥大学攻读博士学位。她的研究课题是寻找类星体，这是一种神秘的新天体。贝尔的第一个任务是把长达数英里的导线穿在木桩上，制造一个射电望远镜——"这让我学会了熟练地使用锤子。"她说。

排除了汽车和空调的严重干扰后，贝尔终于能够静下心来寻找类星体了，不久后，她发现了一个出乎意料的信号——记录数据的表格上出现了些许"浮渣"。为了寻找这些异常数据出现的原因，贝尔好几次在半夜里骑着自行车跑到6英里（约10千米）外的天文台，结果却一无所获。最后，她决定设法放大这些信号，好把它们清晰地记录下来——这些无线电脉冲以1.337秒一次的频率精确地跳动。

外星人的信号？

贝尔和她的导师安东尼·休伊什认为，这样有规律的信号一定是人工生成的，但后来她发现，信号实际上来自天空中的某个固定的位置。

有一阵子，贝尔觉得那里一定存在某个外星文明，所以她将脉冲信号命名为LGM-1，也就是"小绿人1号"。然后到了圣诞节前夕，她又发现了另一个信号LGM-2，这一次脉冲的间隔是1.25秒。难道我们同时找到了两个努力对外联系的外星文明？

最后他们发现，脉冲信号实际上来自中子星。早在1934年就有人预测过中子星的存在，但从来没有人发现过它们。这种天体是大质量恒星坍缩形成的，它全部由中子构成。因为星体内不存在任何电子，所以它的密度极大。

直径 7 英里（约 11 千米）的中子星质量可达太阳的两倍。

这些高速旋转的天体释放出的无线电束像灯塔的光一样穿越宇宙，传到了贝尔的望远镜里，后来我们将它们命名为"脉冲星"。贝尔发现了最早的 4 颗脉冲星，后来科学家又发现了 2000 多颗脉冲星。

1974 年，安东尼·休伊什获得了诺贝尔奖，但约瑟琳·贝尔却没有得到这份荣誉。

那么黑洞真的存在吗？

发现中子星以后，人们重新燃起了对黑洞的兴趣，因为现在天体物理学家已经确认，引力坍缩的确有可能发生。我们无法直接观察到黑洞，因为它们不会释放任何光线，不过史蒂芬·霍金指出，黑洞会释放一种非常微弱的红外信号。无论如何，黑洞都会对周围的天体产生影响，比如说，有的恒星会围绕黑洞旋转，我们可以通过这些迹象间接发现它的踪迹。

甚至有这样的可能性：每个星系中央都有一个巨大的黑洞，包括我们的银河系。对银河系中心附近 90 颗恒星轨道的观测结果表明，银河系中央黑洞的质量应该是太阳的 260 万倍。

宇宙中似乎存在几种尺寸的黑洞：有的黑洞个头很小，质量和月球差不多；有的略微大一些，质量和太阳差不多；还有巨型黑洞，它们的质量是太阳的数百万倍。黑洞似乎是质量极大的恒星坍缩形成的，较小的恒星会坍缩形成中子星，但有的恒星质量太大，巨大的引力会进一步将中子压缩成一个质点，我们称之为"奇点"。

宇宙正在加速膨胀吗？

我们孤独的未来

1998

研究人员：

索尔·珀尔马特

亚当·里斯

布莱恩·P. 施密特

研究领域：

宇宙学

结论：

宇宙正在以越来越快的速度膨胀

今天我们知道，引力是唯一作用于宇宙中所有星系的力，虽然远距离的引力非常微弱，但它却顽固而执着。引力最终会将所有物质重新聚集起来，所以宇宙的膨胀应该逐渐减缓，直至逆转，宇宙从大爆炸开始，最终将以大坍缩结束。可是，事实果真如此吗？

1998 年，索尔·珀尔马特与美国、欧洲和智利的 20 位同行共同发起了超新星宇宙学计划（SCP），试图确认宇宙膨胀减缓的速度，并预测大坍缩将于何时开始。

布莱恩·P. 施密特和亚当·里斯是澳大利亚国立大学斯特朗洛山天文台高红移超新星研究小组（HZT）的成员。高红移的超新星离地球非常遥远。HZT 的研究目标和 SCP 一样，他们希望确认宇宙膨胀减缓的速度。

两个研究小组都在测量远距离星系与地球之间的距离和红移。根据哈勃定律，星系的红移与距离有关；天体离地球的距离越远，它发出的光就越偏向于光谱的红色端。来自遥远天体的光需要花费数十亿年时间才能到达地球，根据它们的距离和红移量，研究者可以算出宇宙在远古时的膨胀速度。

他们需要找到一些距离非常遥远的"标准烛光"——我们已经知道这些天体的绝对光度，再加上地球上观测到的光度，天文学家就能算出它们离我们有多远。他们选择了一种名叫"Ia 超新星"的天体，如果白矮星从自己的伴星那里获得了过多的质量，就会发生爆炸，形成 Ia

超新星。

令人震惊的结果

-

1998 年年底，两个小组发表的论文揭示了同一个令人震惊的结果。天文学家比较了这些遥远的超新星的距离和红移量，按照他们的预期，这些超新星应该遵从哈勃定律，或者比哈勃定律的计算结果运动得更快一些。

出乎意料的是，两个小组发现了同样的现象：这些天体的红移量比哈勃定律的计算结果要小得多。这意味着在数十亿年前，超新星爆炸释放出的光离开这些天体的时候，它们的移动速度要比现在慢得多。

换句话说，宇宙一直在加速膨胀。

暗能量

-

"暗能量"又叫"真空能量"，它的效果类似轻微的负压——暗能量像真空一样将宇宙向外拉扯。

宇宙学家告诉我们，暗能量弥漫在空间中，导致星系向外加速运动，所以宇宙膨胀的速度越来越快。现在他们认为，宇宙中只有大约 5% 的常规物质，还有 27% 的暗物质，剩下的 68% 全都是暗能量。

我们为什么会在这里?

1999

研究人员:

马丁·里斯

史蒂芬·霍金

布莱恩·P. 施密特

研究领域:

宇宙学

结论:

宇宙中仍有很多未解
之谜

我们为什么会在这里? 数千年来, 这个问题一直困扰着哲学家和科学家。英国皇家天文学家马丁·里斯在1999 年出版的著作《六个数》中定义了六个 "组成宇宙'菜谱'的基本数值……如果其中任何一个数'不协调', 那么恒星和生命都不会存在。这样令人震惊的巧合是否意味着冥冥中真有一位仁慈的造物主? "

里斯表示, 这些可能性都不对, 但也许其他宇宙会拥有不同的基本常数。他们的物理定律或许与我们的截然不同; 同样, 他们的化学元素和原子性质也和我们不一样, 那些宇宙中或许根本不存在能够演化出生命的小分子。今天的人类只有在所有基本常数都 "正确无误" 的宇宙里才能演化出来。

史蒂芬·霍金和列纳德·蒙洛迪诺在《大设计》一书中将宇宙比作沸水中的气泡。无数小气泡在沸腾的水中即生即灭, 就像那些存在时间极其短暂, 根本来不及形成恒星和星系 (更别说智慧生命) 的宇宙。但是, 有些气泡却留存下来, 它们在水中上升, 不断膨胀, 最后终于浮上水面, 释放出蒸汽——这代表演化中的宇宙。

人择原理

我们的宇宙刚好正适合我们, 这就是所谓的 "人择原理"。按照强人择原理, 宇宙以某种方式被迫形成了能让人类演化至今的样子。而弱人择原理的一个流派则认为，在所有可能的宇宙中，我们只是居住在这个所有参数——也就是里斯提出的"六个数"——都正确的宇宙里而已。

1973 年，布兰登·卡特首次提出了"人择原理"这个词，但类似的思想早已经出现。1904 年，阿尔弗雷德·拉塞尔·华莱士曾经写道：

> "我们周围的宇宙如此广袤而复杂，或许必须要有这样的宇宙……才能创造出每一个细节都精确无误的世界，让生命有序地发展，最终孕育出人类。"

"正确"的宇宙从哪里来？

里斯打了个比方，你走进一家大型服装店，发现他们库存丰富，款式繁多，所以你总能找到适合自己的那一件。同样，如果大爆炸也不止发生了一次，而是很多次，那么其中某一次大爆炸正好产生了一个所有参数都适合我们的宇宙，这似乎也很合理。所以，在我们的宇宙之外，或许还有数十、数百甚至数百万个其他的宇宙。

量子世界

光子似乎能够同时穿过两条狭缝，沿两条路径传播。理查德·费曼提出，这是因为在量子世界里，光子没有确定的路径，恰恰相反，它会沿着所有可能的路径传播。所以在宇宙诞生的那一刻，它或许也会走上所有可能的道路，创造出多个不同的宇宙，其中大部分都迥异于我们的这一个。

这听起来很像是休·艾弗雷特的量子力学"多世界

诠释"。如果薛定谔的猫在一个世界里已经死去，而在另一个世界里却还活着，那么宇宙或许真的不止一个——但这意味着观察者在打开盒子的刹那创造出了一个新的宇宙。

此外，我们自己的宇宙就已经辽阔得超乎想象了。我们的银河系拥有 2000 亿颗恒星，其中大部分恒星都拥有行星。除了银河系以外，宇宙中至少还有其他 1000 亿个星系，每个星系中都有无数恒星，它们很可能也拥有行星。如果这一切都是为了我们而创造出来的，那可真是够多的，观察者仅仅打开了一个盒子，就能创造出这么多东西吗？

如果真的存在其他宇宙，为什么我们看不到它们？

一群蚂蚁在一张二维的纸上忙忙碌碌，它们或许不会知道，就在自己头顶几英寸外还有另一张纸，上面居住着另一群蚂蚁。上面这张纸就是另一个宇宙，它通过三维的空间与另一张纸隔离开来，下面的蚂蚁无法爬上头顶的那张纸。

同样，其他宇宙或许也存在于另一个维度上，所以我们完全无法接触。它离我们也许只有咫尺之遥，但我们却对此一无所知。"M 理论"是一套复杂的物理学理论，这套理论提出，一共存在 11 个维度——足以容纳其他宇宙。

从另一个方面来说，既然我们无法与其他宇宙发生任何互动，那么为什么要假设它们存在呢？按照奥卡姆剃刀原理，无论面对什么现象，我们都应该寻找最简单的解释，所以，或许我们应该彻底抛弃这些虚幻的宇宙。

2007

研究人员:

唐·波勒等人

研究领域:

天文学

结论:

我们的银河系里有很多
适合居住的系外行星

我们是宇宙中唯一的
智慧生物吗?

广角寻找行星计划和超广角寻找行星计划

1995 年 10 月 6 日，在法国东南部的上普罗旺斯天文台工作的瑞士科学家米歇尔·梅耶和迪迪埃·奎洛兹宣布，他们发现了另一个太阳系里的一颗行星。它的正式名称叫"飞马座 51b"。

这是人类发现的第一颗围绕常规恒星运行的系外行星。

宇宙中还有其他生命吗?

-

确认了系外行星的确存在以后，天文学家立刻开始积极地寻找其他行星。如果我们在宇宙中并不孤单，那么其他类似地球的行星上或许也存在生命。

然而，"行星猎人"面临的最大问题在于，行星不会发光。我们很容易看到恒星，但行星既小又暗，而且常常被恒星的光芒掩盖。

遮挡星光

-

唐·波勒和爱尔兰北部贝尔法斯特女王大学的同行找到了一种简单的搜索方法。他们推测，宇宙中可能有很多系外行星，其中某一颗在公转轨道上运行时偶尔会从恒星前方经过，挡住一部分星光。所以，如果我们观察到某颗恒星的亮度出现了周期性的轻微变化，那么很可能就是行星遮挡造成的。

数码相机

-

这群聪明的科学家买了 4 个 7.9 英寸（约200 毫米）f/1.8 的佳能高科技数码镜头。在剑桥大学、加那利天体物理研究所和艾萨克·牛顿望远镜集团的帮助下，他们把这些镜头安装在西撒哈拉海滨加那利群岛拉帕尔马岛一座山顶上的玻璃纤维小屋里。他们的项目名叫"广角寻找行星计划"，简称 WASP。后来女王大学和公开大学追加了资金，于是他们又买了 4 个镜头，并将项目更名为"超广角寻找行星计划"（Super WASP）。2002 年，这个计划正式启动。

不过，他们遇到了一个小问题。佳能公司已经不再生产那种 7.9 英寸的镜头了，所以波勒的第二批镜头是从易贝网上买的。

8 个镜头安装在同一个机械臂上，角度略有差异，以便覆盖天空中更大的范围。

恒星照片

-

8 个镜头各自会拍摄 2 张不同曝光时间的照片，随后机械臂会移动到另一片天空，所有镜头各自再拍 2 张照片，如此循环，直至覆盖整片天空，然后再从头开始。

每个夜晚，所有镜头拍摄的照片加起来大约有 600 张，每张照片里的恒星数量多达 10 万颗。比对照片和天文星表，就能识别出每一颗恒星，然后他们会测量每颗恒星的亮度。最开始的几个月，研究者主要的工作是建立恒星亮度的数据库，然后他们开始寻找周期性变暗的恒星，那可能是行星凌日造成的。

如果行星的体积很大，恒星的亮度就会出现明显的变化；如果这样的变化出现得比较频繁——要是行星与恒星的距离很近，它的公转周期就比较短，所以会更加频繁地遮挡恒星——比如说每隔几天就出现一次，那么天文学家就更容易发现它。这类行星被称为"热木星"（例如飞马座 51b）。热木星相当常见，但这种行星不太可能拥有生命，因为它们表面的温度太高，所以没有液态水，而且它们的引力也太大，不适合生命存活。

系外行星的盛宴

-

2007 年，超广角寻找行星计划公布了他们找到的第一颗系外行星——WASP-1。这是一颗热木星，公转周期仅有 2.5 天。WASP-12b 离恒星太近，所以它的表面温度高达 2800 ℉（1500℃）左右，在巨大的引力作用下，它被拉成了橄榄球的形状。截至 2015 年，超广角寻找行星计划一共发现了超过 100 颗系外行星。

或许是受到了超广角寻找行星计划的激励，2009 年，NASA 发射了开普勒号飞船，它将连续观测 14.5 万颗恒星，检测是否有凌日现象。到目前为止，开普勒计划已经发现了超过 1000 颗系外行星，另外还有 3000 颗可能的行星。

现在天文学家相信，或许大部分恒星都拥有自己的行星系统，也许单是银河系里就有 110 亿颗处于古迪洛克区间的岩石类地行星。当然，在这 110 亿颗行星中，或许某一颗上面就有达尔文所说的"温暖的小池塘"，池塘里孕育着鲜活的生命。

我们能找到
希格斯玻色子吗?

大型强子对撞机

2009

研究人员:

彼得·希格斯和 12000 位
来自 100 个国家的科学家

研究领域:

粒子物理

结论:

我们可能已经找到了希
格斯玻色子

物质主要由质子、中子和电子组成,但除此以外,科学家又发现了许多更小的粒子,例如中微子和夸克。经过几十年的努力,这些粒子被统一到了一套"标准模型"里。

1964 年,苏格兰爱丁堡大学的彼得·希格斯提出,标准模型内应该有一种特殊的粒子,它赋予了其他所有粒子质量。这个小家伙应该是某种玻色子——但从未有人发现过它的踪迹。

对撞机

运动速度越快的粒子破坏力越大——但与此同时,它们也蕴藏着更多的秘密。所以物理学家想了很多办法来将粒子的速度推向极限。他们先发明了静电加速器,后来又制造出了直线加速器,这种设备内部有一系列电场,每个电场都会让粒子的速度变快一点点。

电极携带的电荷与粒子的电性相反,在引力的作用下,粒子飞速靠近电极板。电极板上有一个洞,就在粒子穿过洞口的一瞬间,电极的电性会发生改变,此时粒子在斥力的作用下继续加速,飞向下一块电极板——这个过程在直线加速器内部不断循环重复,粒子的速度也越来越快。

随后物理学家发明了回旋加速器，它的原理与直线加速器一样，只不过整套装置被弯成了环形。研究者利用电磁铁将粒子引入回旋加速器，这些粒子在加速器里一圈又一圈地旋转，速度变得越来越快，最终，粒子携带的能量可达 1500 万电子伏（eV）。同步加速器是回旋加速器的晋阶版本，这种加速器内部的磁场可以与运行中的粒子束保持同步。

大型强子对撞机（LHC）

-

从理论上说，强子是由夸克通过强作用力捆绑在一起的复合粒子。质子——氢原子核（H⁺）——就是一种强子。物理学家建造大型强子对撞机的初衷是利用直线加速器和同步加速器加速强子，尤其是质子。

LHC 位于法国和瑞士边境地下约 328 英尺（约 100 米）处的一条环形隧道里，这条隧道宽约 12 英尺（约 3.7 米），长达 17 英里（约 27 千米）。隧道里安装了一对直径约 4 英寸（10 厘米）的管子，粒子束就在这两根管子里运动。其中一束粒子沿顺时针方向运动，另一束的运动方向与它相反。两根管子组成了一个巨大的同步加速器。

进入管道之前，质子需要先经过一个直线加速器和三个连续的同步加速器；而在进入管子以后，质子将得到进一步加速，20 分钟后，它们将达到 99.999999% 光速——也就是说，这些质子每秒运动的距离只比光少 3 米，此时它们携带的能量达到了大约 4 亿电子伏（想想看，当年戴维森和革末使用的粒子能量只有 50 电子伏）。每个质子每秒将围绕 16.7 英里（约 27 千米）长的隧道转动 11000 圈。

1600 套超导磁铁约束和引导着粒子的方向，每套磁铁自重近 30 吨，96 吨液氦让它们始终保持着 1.9K（-456 ℉

或 -271℃）的超低温度。

隧道内有 4 个交点，两条加速管在这几个位置汇合到一起，好让对向高速运动的质子发生碰撞。每个交点周围都安置了各种各样的探测器，以便检测粒子碰撞后的反应并观察它们产生的碎片。

对撞机全功率运行时，管内每秒都会发生数百万次碰撞，每次碰撞都会产生几道粒子束，探测器会自动记录这些粒子的轨迹，有点像是高科技版本的云室。然后，海量的数据通过一套复杂的计算网络被分配到 36 个国家的170 台计算机里，完成下一步的分析。

2009 年 11 月 23 日，LHC 进行了第一次试撞，接下来的几个月里，这台巨型设备一直在全功率运行。

目标
-

物理学家希望确认希格斯玻色子是否真的存在，除此以外，他们还想解开粒子物理学领域的其他重大谜团——比如说，寻找宇宙中 27% 的神秘"暗物质"和"超对称理论"预测的新粒子。

结果
-

目前，研究者已经发现了几种新的复合强子。他们还观察到了一种夸克 - 胶子等离子体，科学家认为，在大爆炸刚刚发生后的几毫秒内，宇宙完全是由这种"夸克汤"组成的。除此以外，他们还观察到了一种罕见的粒子衰变，这为超对称理论的反对者提供了有力的证据。最重要的是，他们看到了神秘的希格斯玻色子存在的证据。

索引

词汇表

α 粒子（alpha particle）——氦原子核，由 2 个质子和 2 个中子组成。

蓝移（Blueshift）——波长变短或频率升高。

阴极射线（Cathode rays）——真空中阴极产生的电子流。

暗物质（Dark matter）——一种看不见的物质，大约占据宇宙总质量的 84.5%。

事件视界（Event horizon）——黑洞的边界，任何东西都可以从外部进入事件视界，却无法从里面出来，甚至包括光（不过黑洞的确会释放少量辐射，我们称之为"霍金辐射"）。

系外行星（Exoplanet）——太阳系以外的行星，它们围绕其他恒星旋转。

惯性参考系（Inertial frame of reference）——静止或匀速直线运动的参考系，它没有加速度。

M 理论（M-theory）——粒子物理领域的一种理论，由"弦论"发展而来。这套理论试图解释宇宙中的所有粒子和能量。

光电效应（Photoelectric effect）——一些金属在受到光照时会释放出电子。

光子（Photon）——光能单位；一小包光波。

等离子体（Plasma）——物质主要有三种态：固态、液态和气态。等离子体是第四种态，在这种状态下，所有粒子都是离子化的（比如说，火焰就是一种等离子体）。

多相系统（Polyphase）——利用三个以上的电导体分配交变电流的系统。

正电子（Positron）——一种反物质粒子，它的性质类似电子，但携带的是正电荷。

红移（Redshift）——波长变长或频率降低。

闪烁（Scintillation）——粒子击中荧光屏发出的闪光。

SI 单位（SI units）——国际度量单位。

光谱仪（Spectrometer）——测量原子光谱的设备。

自旋（Spin）——量子力学体系下粒子的角动量。

量子态叠加（Superposition）——根据量子力学的哥本哈根诠释，一个粒子可以同时处于两个或两个以上的位置。

超对称性（Supersymmetry）——粒子物理标准模型的扩展，它预测了每种粒子都有相应的对称粒子。

热电偶（Thermocouple）——一种测量温度的设备，由两种不同的金属连接组成。

铀（Uranium）——一种放射性金属重元素。

致谢

非常感谢西尔维亚·朗格弗德邀请我撰写本书，让我有机会写一写这么多老朋友；尤其感谢斯拉夫·托多罗夫和迈克尔·贝里爵士，他们帮助我攻克了相对论的难关；感谢我曾经的同事保罗·贝德、马蒂·约普森和约翰·弗朗卡斯，是你们让我认识了这么多古代的科学家。

薛定谔的猫

[英]亚当·哈特-戴维斯 著
阳曦 译

图书在版编目 (CIP) 数据

薛定谔的猫:改变物理学的 50 个实验 / (英) 亚当·哈特-戴维斯
著;阳曦译 . — 北京:北京联合出版公司,2017.10 (2025.3 重印)
(科学的转折)
ISBN 978-7-5596-0626-6

Ⅰ.①薛… Ⅱ.①亚…②阳… Ⅲ.①物理学—实验—普及读物 Ⅳ.
① O4-33

中国版本图书馆 CIP 数据核字 (2017) 第 157126 号

Schrodinger's Cat

By Adam Hart-Davis

Copyright © Elwin Street Limited 2015
14 Clerkenwell Green, London EC1R 0DP, United Kingdom
Interior design and illustrations: Jason Anscomb, Rawshock design
Photo credits: Shutterstock.com, 8—9, 12, 13, 14, 15, 18, 20, 26—
27, 33, 35, 41, 47,52—53, 54, 55, 57, 64, 68, 70, 74, 77, 80, 83, 84, 91,
92, 93, 95, 101, 114—115, 116, 119, 123,132, 136, 137, 141, 142, 146,
153, 157, 160, 161, 163, 167.
Simplified Chinese edition copyright:2017 United Sky (Beijing) New
Media Co., Ltd.
All rights reserved.

北京市版权局著作权合同登记号 图字:01-2017-4595 号

选题策划	联合天际
责任编辑	杨青 崔保华
特约编辑	边建强 李珂
美术编辑	Caramel
封面设计	满满特丸设计工作室

出　版	北京联合出版公司 北京市西城区德外大街 83 号楼 9 层　100088
发　行	北京联合天畅文化传播有限公司
印　刷	北京雅图新世纪印刷科技有限公司
经　销	新华书店
字　数	150 千字
开　本	880 毫米 × 1230 毫米 1/32　5.5 印张
版　次	2017 年 10 月第 1 版　2025 年 3 月第 28 次印刷
I S B N	978-7-5596-0626-6
定　价	49.80 元

关注未读好书

客服咨询